成就自己

让奋斗改变命运

蔡万刚 ◎ 著

中国商业出版社

图书在版编目（CIP）数据

成就自己：让奋斗改变命运 / 蔡万刚著 . —北京：中国商业出版社，2019.1

（快乐成长心理课）

ISBN 978-7-5208-0628-2

Ⅰ．①成… Ⅱ．①蔡… Ⅲ．①成功心理－通俗读物 Ⅳ．① B848.4-49

中国版本图书馆 CIP 数据核字（2019）第 015049 号

责任编辑：唐伟荣

中国商业出版社出版发行

010-63180647　www.c-cbook.com

（100053　北京广安门内报国寺 1 号）

新华书店经销

河北华商印刷有限公司印刷

*

880 毫米 ×1230 毫米　32 开　7.75 印张　166 千字

2019 年 3 月第 1 版　2019 年 3 月第 1 次印刷

定价：39.80 元

****

（如有印装质量问题可更换）

前 言
PREFACE

　　每一个人都有属于自己的梦想，它源于我们的内心，它是美好的、神圣的。因为有它的存在，所以我们对未来充满了期待。但若想实现梦想，光充满期待是不够的，还需要看清现实，凭自己的努力，脚踏实地地去追求。

　　稻盛和夫曾说："年轻人都有想干一番事业的理想和愿望。不过，切莫忘记，那是靠一步一步、扎扎实实的努力来实现的。不想付出，一味描绘宏伟的蓝图，那只能是一场黄粱美梦而已。"

　　当今社会充斥着浮躁和急功近利之风，缺乏脚踏实地的务实精神是很多人的通病，其症状大多是：好高骛远，眼高手低；说得多，做得少；大事做不来，小事不想做。这些人整日幻想着一夜成名、一举成功，却不能踏踏实实地做好每一件事。

　　俗话说："心急吃不了热豆腐。"无论做什么事都要戒骄戒躁，踏实地走好每一步，让自己的生活有目标、有计划，这样我们的生活才会变得充实，我们离成功才会越来越近；相反，如果浮躁、急

功近利,就不能集中精力去完成自己的人生目标,最后很可能一事无成,甚至一败涂地。

梦想源自内心的渴望,却实现于现实的耕耘。从我们决定为梦想踏上征程的那一刻起,就注定要风雨兼程。在这个过程中,我们会经历坎坷,会走入困境,在这种种磨砺之中,我们会发现——梦想触碰到现实,可能一切和想象中相差甚远。但别怕,只要我们不改初心,一步一个脚印,勇敢地坚持走下去,那么梦想和现实总有接轨的那一天!

现实或许残酷,但只要我们怀揣梦想,心中就会有热度,这份热度会让我们坚持走下去,直到成功的到来!本书以此为主题,通过故事和理论相结合的方式,向大家展示梦想和现实的异同,让大家感受梦想的温暖,正视现实的磨砺,并从中找到梦想与现实的契合点,实现成功之梦!

目 录
CONTENTS

上篇　在追求梦想的路上必须执着

　　科学大师斯蒂芬·霍金说:"如果一个人没有梦想,无异于死掉。"梦想,是一个人前进的动力、力量的源泉、生活的希望。有了它,我们的生活就不会觉得平淡,内心也不会觉得空虚,奋斗起来才不会盲目。所以,如果我们想要自己的人生变得五彩缤纷、精彩绝伦,那么就别再迟疑,赶快放飞自己的心,带着梦想的行囊一路前行吧!

第一章　少有人走的路:梦想成熟的旅程 / 003

　　人生,因有梦想而精彩 / 004

　　敢于创新,不走寻常路 / 008

　　找到适合自己发展的路 / 014

　　独立思考,开启自己的创造力 / 018

　　没有做不到,只有想不到 / 023

　　只有标新立异,才可独领风骚 / 029

第二章　上天不需要你成功，它只需要你尝试 / 035

　　成功必须不惧风险 / 036

　　大胆尝试，接近成功 / 041

　　成功的路，是靠自己闯出来的 / 047

　　找准人生方向，勇敢付诸行动 / 051

　　机会与风险永远并存 / 056

　　敢于挑战，才能成就不凡 / 061

第三章　眼界有多宽广，未来就有多辽阔 / 067

　　唯有站得高，才能看得远 / 068

　　若想出人头地，就得有远见 / 072

　　成大事者，必有开阔胸襟 / 076

　　做个胸怀大志的人 / 082

　　拒绝眼高手低，凡事看得深远些 / 087

　　想要钓大鱼，就要放长线 / 091

第四章　拆掉思维里的墙 / 095

　　调整思想，换个角度看问题 / 096

　　凡事都要学会变通 / 102

　　在脑中种下"野心"的种子 / 107

　　思想有多远，你就能走多远 / 112

　　果断地把握机会 / 117

　　成功需要积极的思想 / 122

目 录

下篇　你只负责向前，时间会把你变优秀

一个人想要梦想成真，就必然要懂得脚踏实地，一步一个脚印地走在通往成功的路上。在路途中，坎坷和荆棘是无可避免的。但只要我们能够调整好自己的状态，用自己的毅力将它们克服，并细心谨慎地将身边的每一件小事做好，相信总有一天，我们一定能够登上梦想之巅！

第五章　与其在虚浮中枯萎，不如在脚踏实地中绽放 / 129

　　立足现实，切勿好高骛远 / 130

　　永远不要做空中梦想家 / 134

　　坚持就是胜利 / 138

　　不积跬步，无以至千里 / 144

　　严格要求自己，做个细心的人 / 148

第六章　做事要循序渐进，不可以贪快 / 153

　　制订计划，做事才能有条不紊 / 154

　　做事有条理，才能有效率 / 158

　　避免陷入"瞎忙"的陷阱 / 161

　　做事要找到关键所在 / 165

　　重要的事，放在前面去做 / 168

第七章　为实现目标而做的努力，都是谨慎而冷静的 / 173

　　力戒浮躁，才能成就大事 / 174

切忌冲动，三思而后行 / 178

善于忍耐，能屈能伸 / 183

学会示弱，稳中取胜 / 189

淡定沉稳，小心谨慎 / 195

第八章　专注于一件事，更要专注于细节 / 201

养成注重细节的好习惯 / 202

不要忽略每一个细节 / 206

细节是办事成功的保证 / 210

办事要做到精益求精 / 214

把细节落实到位 / 218

第九章　不马虎，做事要沉得下去 / 221

再简单的事，也要认真去做 / 222

责任比能力更重要 / 225

全心全意，尽职尽责 / 229

学会"用心"去做事 / 232

真抓实干，态度端正 / 236

上 篇
在追求梦想的路上必须执着

科学大师斯蒂芬·霍金说:"如果一个人没有梦想,无异于死掉。"梦想,是一个人前进的动力、力量的源泉、生活的希望。有了它,我们的生活就不会觉得平淡,内心也不会觉得空虚,奋斗起来才不会盲目。所以,如果我们想要自己的人生变得五彩缤纷、精彩绝伦,那么就别再迟疑,赶快放飞自己的心,带着梦想的行囊一路前行吧!

第一章

少有人走的路：梦想成熟的旅程

在这世上，每个人都拥有属于自己的梦想，能否实现，关键看这个人如何去想、如何去做。人生的成败往往就在于一念之间，贫富的差距在于思想的不同。有什么样的想法就有什么样的未来，有什么样的想法就有什么样的生活。

人生，因有梦想而精彩

梦想就是人生的一种定位，是自我对未来的期许。有梦想的人是敢于对自己高点定位的人，而没有梦想的人，其定位是不清晰的，未来是晦暗不明的。

美国作家兼政治家兰斯顿·休斯曾说："要抓牢梦想，因为一旦梦想消失，人生就像断了翅膀的鸟儿，再也不能飞翔。"

梦想对于人的一生都很重要。梦想为人生润色，是人们努力的目标和方向，即使不能实现，也能给我们带来无限的遐想。没有梦想，只能日复一日机械地生活、学习，没有丝毫乐趣可言；没有梦想，人的生命便不会有澎湃的海浪，只如一潭死水，任其干涸死亡。拥有梦想，拥有希望，一切都会变得很美好。

李阳，一个英语常常不及格、从未受过英语专业训练的年轻人，后来竟然成为著名的英语新闻播音员、"万能翻译机"、英语口语教育专家，成为一个始终梦想着"在中国普及英文，向世界传播中文，让中文和英文成为并行于世界的两大主流语言"的青年新锐。

第一章
少有人走的路：梦想成熟的旅程

有一次，记者专门从电视台赶到一个节目现场采访他。在问了诸多个问题之后，记者以一个问题结尾："现在如果要给年轻人一些忠告，您会说什么？"

李阳回答说："年轻人最重要的是要敢于梦想。未来的社会是什么样子，自己的未来是什么样子，一定要有清晰的设想。我20岁以前发过誓的事情没有一件能做到的，但我有自信，自信让我一直坚持，在坚持一段时间之后，人生都会有或多或少的突破。任何人都会在社会上找到位置，任何人都会过上丰富的、成功的生活。"

高位截瘫、身残志坚的张海迪说过："人们为什么爱海迪，那是因为在她身上有面对疾病和困难的勇气。这一点也是我今生的自豪，也许别的方面我还做得不够，但是我相信自己是一个坚强、勇敢的女性。不管什么时候都不要放弃自己的梦想和追求，不放弃每一分的努力，回想过去，我没有白白度过生命的每一程。"

梦想是对现实的突破，有了它，生命才有意义，生活才会多彩。人所具有的种种力量中，最神奇的莫过于怀有梦想的能力。有伟大梦想的人，即使前方荆棘满布，也不能挡住他前进的脚步。

要把梦想变成事实，全靠我们自己的努力；只有付出不懈的努力，才会实现梦想。人不仅要有梦想，更要激励自己去实现梦想。当你拥有了梦想，它就会像一枚指南针，指引你走上光明之路。追求可以从旧走到新，坚持可以从梦走到真，你的追求愈执着，成功就离你愈近。

美国总统杰斐逊说过："当你有一个伟大的主意时，就去做吧。"拥有梦想，付诸行动，成功的希望至少有50%。但如果你的好主意

和奇妙构想只停留在嘴上，成功的机会就很渺茫。松下电器创始人松下幸之助就是一个认准了方向就果断追求的人。

1910年10月，正值日本明治维新之时，欧美各国新的交通工具与先进技术逐渐输入日本。其中电车是令人注目的交通工具。松下幸之助喜好预测、推想和分析，他很有先见之明，认为各路电车一旦完成通车，自行车的需求就会减少，将来此类行业不容乐观；相反，与电车相关的电气事业由于能满足人们的迫切需要，今后一定能兴盛起来。

想到就去做，松下幸之助毅然辞去了人人羡慕的自行车店的工作，来到大阪电灯公司，当了一名安装室内电线的练习工。尽管他对电力知识一窍不通，但由于喜欢，他学起来非常用心，很快他便掌握了安装和处理技术，并成为一个熟练的独立技工。由于工作出色，1911年，他被晋升为工程负责人。

在工作期间，松下幸之助改良并试制出一种新式产品，可是上司却对此付之一笑。松下幸之助为自己的发明遭到冷遇感到惋惜和不服，他想到，即使在自己向往的电灯公司，也不能使自己的志向和才能得到充分施展，唯一的办法是另立门户，自己创业。于是他在大阪市一个叫猪饲野的地方租了一间不足10平方米的房间，开办了一家属于自己的小作坊，共有5名员工，包括他们夫妇及内弟井植岁男（后成为三洋电机公司的创始人），产品便是松下幸之助发明的新式电灯插口——这就是闻名全球的松下电器公司的最初模样。

工厂成立后不久，等待松下幸之助的不是开市大吉而是一度失败。1917年10月，电灯插口制作成功，但10天内仅卖出100个，

第一章
少有人走的路：梦想成熟的旅程

营业额不足 10 日元，不仅没有盈利，连本钱也赔光了，他们只得靠把衣物送进当铺度日。

此时的松下幸之助并没有被眼前的困难吓倒，因为他坚信，自己的努力一定能带来真正有价值的东西。同年底，机会来了，川比电气电风扇厂让松下幸之助替该厂试制 1000 个电风扇用的绝缘底盘，这对困境中的松下幸之助来说，恰如旱苗得雨。他反复试验，解决了技术难题，接下来的日子里，他与妻子、内弟一起日夜奋战，终于在年关迫近时如期交了货，且质量赢得好评，松下幸之助在这年年底获得了不错的盈利。

1918 年 3 月，松下幸之助在大阪市北区西野田成立"松下电气器具制作所"，从此开始了自己辉煌的商业生涯。经过几十年的艰苦经营，松下幸之助终于使自己的企业成为以生产电子产品为主的国际性企业集团。松下幸之助从白手起家变成蝉联了几十年的"日本最高额纳税人"。

从松下幸之助的故事中可以看出，坚持把自己认准的事做下去，尽管会遇到许多困难，但付出终会有收获。所以只要你认准了，就别再犹豫，朝着你的梦想执着地追求吧。

人生因有梦想而精彩。没有梦想的人生，犹如一潭死水。一个有梦想、愿意追逐梦想的人，才不会辜负这一生一世的美好时光。有梦想推动，为人生定位的基点才会更高，生存的境界才会一步步提升。

敢于创新，不走寻常路

在如今竞争激烈的时代，与其在摩肩接踵中举步维艰地发展，倒不如大胆创新，走一条没有人走过的路。的确，做出一番大事业并不容易，但却不是不可能的，我们每一个人都具有这种能力，其关键就在于你是否敢去创新，你是否具有一种创新精神。

提到创新，有些人总是觉得神秘，似乎只有极少数人才能办到。其实，创新有大有小，内容和形式可以各不相同。创新活动已经深入普通人的生活中，很多人都可以进行创新性的活动，生活、工作的各个方面都可以迸发出创造的火花。成大事者在事业上会不断产生新的追求、新的理想、新的目标，在为新的事业而创造奋斗的过程中，实现了这些新的追求、理想、目标，就会产生新的幸福。

法国美容品制造师伊夫·洛列是靠经营花卉发家的，他在一次新闻发布会上感触颇深地说道："能有今天，我当然不会忘记卡耐基先生，他的课程教给我一个司空见惯的秘诀，而这个秘诀我尽管经常与它擦肩而过，但过去却未能予以足够的重视，也没有把它当作

第一章
少有人走的路：梦想成熟的旅程

一回事来对待。而现在我却要说，创新的确是一种美丽的奇迹。"

自 1960 年开始，伊夫·洛列就生产美容品，到 1985 年，他已拥有 960 家分店，他的企业遍布全世界。当时的伊夫·洛列生意兴旺，财源茂盛，摘取了美容品和护肤品的无数桂冠。他的企业是唯一使法国最大的化妆品公司"劳雷阿尔"惶惶不可终日的竞争对手。这一切的成功，是伊夫·洛列悄无声息地取得的，在企业的发展期间，几乎未曾引起竞争者的警觉，这有赖于他的创新精神。

1958 年，伊夫·洛列从一位女医师那里偶然得到了一种专治痔疮的特效药膏秘方，这个秘方令他产生了浓厚的兴趣。于是，他根据这个药方，自己研制出一种植物香脂，并开始挨门挨户地去推销这种产品。

某天，洛列灵机一动，何不在杂志上刊登一则商品广告呢？如果在广告上附上邮购优惠单，说不定会有效地促销此类产品。这一大胆尝试让洛列获得了意想不到的成功，当他的朋友还在为巨额广告投资惴惴不安时，他的产品却悄悄地在巴黎畅销起来，原以为会泥牛入海的广告费用与其获得的利润相比，显得轻如鸿毛。

当时的人们认为，用植物和花卉制造的美容品毫无前途，几乎没有人愿意在这方面投入资金，而洛列却反其道而行之，对此产生了一种奇特的迷恋之情。

1960 年，洛列开始小批量地生产美容霜，他独创的邮购销售方式又让他获得巨大成功。在极短的时间内，洛列通过这种销售方式，顺利推销了 70 多万瓶美容品。如果说用植物制造美容品是洛列的一种尝试，那么，采用邮购的销售方式，则是他的一个创举。时至今

日，邮购商品已不足为奇了，但在当时，这却是行之所未行的。

1969年，洛列创办了自己的第一家工厂，并在巴黎的奥斯曼大街开设了他的第一家商店，开始大量生产和销售美容品。伊夫·洛列对他的职员说："我们的每一位女顾客都是王后，她们应该获得像王后那样的服务。"为了践行这个宗旨，他打破销售学的一切常规，采用了邮售化妆品的方式。公司收到邮购单后，几天之内即把商品邮给买主，同时赠送一件礼品和一封建议信，并附带制造商和蔼可亲的笑容。邮购几乎占了洛列全部营业额的50%。

当时的邮购手续非常简单，顾客只需寄上地址便可加入"洛列美容俱乐部"，并很快收到样品、价格表和使用说明书。这种经营方式对当时那些工作繁忙或离商业区较远的妇女来说，无疑是非常理想的。如今，通过邮购方式从洛列俱乐部获取口红、描眉膏、唇膏、洗澡香波和美容护肤霜的妇女已达6亿人次。

这种优质的服务给公司带来了丰硕成果。公司每年寄出的邮包达99万件，相当于每天3000～5000件。1958年，公司的销售额和利润增长了30%，营业额超过了25亿元，国外的销售额超过了本国境内的销售额。

如今的伊夫·洛列已经拥有400余种美容系列产品和800万名忠实的女顾客。洛列的经历也正好证实了金克拉的话："如果你想迅速致富，那么你最好去找一条捷径，不要在摩肩接踵的人流中去拥挤。"

创造性思维构想的产物有时如同火花闪现一样，稍纵即逝，这种稍纵即逝的思维火花就是灵感，可以说所有的灵感都源于直觉。

第一章
少有人走的路：梦想成熟的旅程

爱因斯坦曾说："真正宝贵的是直觉。"物理学家普朗克说："每一种假说都是想象力发挥作用的产物，而想象力又是通过直觉发挥作用的，但直觉常常变成一个很不可靠的同盟者，不管它在假说时是如何不可缺少。将直觉、灵感真正用于实践，就是创新，就是伊夫·洛列成功的重要因素。"

著名的美国实业家罗宾·维勒说："我成大事的秘诀很简单，那就是永远做一个不向现实妥协而刻意创新的叛逆者。"罗宾·维勒的言与行是一致的。我们能从罗宾·维勒的身上看到，创新思维对一个人成功所起的作用有多么巨大。

正当短筒皮靴成为一种流行时尚的时候，所有从事皮靴业的商家几乎都趋之若鹜地抢着制造短皮靴供应更多的百货商店，他们认为赶着大潮流走要省力得多。

此时的罗宾经营着一家小规模皮鞋工厂，雇了十几个员工。他深知自己的工厂规模小，要挣到大笔的钱绝非易事。自己微薄的资本、微小的规模，根本不可能与强大的同行相抗衡，而如何在市场竞争中获得主动权，争取有利地位呢？

罗宾想到有两条道路可以试一试。

第一条路就是在皮鞋的用料上着眼，尽量提高鞋料成本，使自己工厂的皮鞋在质量上胜人一筹。然而，这条道路在白热化的市场竞争中实施起来是很困难的，由于自己的产品产量比别人少得多，成本自然就比别家的高，如果再提高成本，那么获利有减无增。显然此条道路是行不通的。

第二条路就是着手皮鞋款式改革，以新领先。罗宾认为这个方

法比较妥当，只要自己能够设计出新花样、新款式，不断变换、不断创新，招招占人之先，就可以打开一条出路，如果自己创造设计的新款式为顾客所钟爱，那么获利就是必然的。

经过深思熟虑后的罗宾决定走第二条道路。于是，他立即召开了一个皮鞋款式改革会议，要求工厂的十几名工人各尽所能地设计新款式鞋样。

为了激发员工们的创新积极性，罗宾制定了一个奖励办法：凡是所设计的新款鞋样被工厂采用的设计者，可立即获得 100 美元的奖金；所设计的鞋样通过改良被采用，设计者可获 50 美元奖金；即使设计的鞋样不能被采用，但只要其设计别出心裁，也可获 10 美元奖金。

与此同时，他即席设立了一个设计委员会，由 5 名熟练的造鞋工人任委员，每个委员每月额外支取 100 美元。这样一来，这家袖珍皮鞋工厂里马上掀起了一阵皮鞋款式设计热潮，不到一个月，设计委员会就收到 40 多种设计草样，并采用了其中三种款式较别致的鞋样。罗宾立即召集全体大会，给这 3 名设计者颁发了奖金。

罗宾的皮鞋工厂将这三个新款式皮鞋试行生产。第一次将每种新款式皮鞋制作 1000 双，制成后立即将其送往各大城市推销。顾客见到这些款式新颖的皮鞋，立即掀起了一股购买热潮。两星期后，罗宾的皮鞋工厂收到 2700 多份数量庞大的订单，这使得罗宾终日忙于出入各大百货公司经理室大门，跟他们签订合约。因为订货的公司多了，罗宾的皮鞋工厂逐渐扩大起来。3 年之后，他已经拥有 18 间规模庞大的皮鞋工厂了。

第一章
少有人走的路：梦想成熟的旅程

不得不说，罗宾·维勒的名字在美国商业界就如一盏耀眼的明灯，他自己的成功，与他时时保持锐意创新的精神是密不可分的。创新思维不会满足一个人已有的知识经验，而是努力探索尚未被认识的世界，从而打开新的活动局面。没有创新性思维，没有勇于探索和创新的精神，一个人只能停留在原有水平上，就不可能在创新中发展，在开拓中前进，就必然陷入停滞甚至倒退的状态。

总之，对于每一个想成功的人来说，都必须明白：人们为了取得对未知事物的认识，总要探索前人没有运用过的思维方法，寻求没有先例的办法和措施去分析认识事物，从而获得新的认识和方法，这个过程其实就是创新的过程。大胆创新，走别人没有走过的路，便会拥有与众不同的成功！

找到适合自己发展的路

每个人都是一个独特的个体,每个人都有自己的理想。我们在树立理想时,应根据自身的实际情况,树立适合自己的理想,千万不能人云亦云。理想之所以为理想,正是因为我们当前还不能实现它,所以,它是作为一种可能性存在的。但是,一个适合自己的理想,终有一天我们能凭借努力将它变成现实。

大凡成功者,他们成功的关键都是掌握了自身的优势,并加倍强化这种优势,完全投入到自己喜欢的事物之中,将这种富有特长的兴趣爱好发挥到极致。

鹰击长空,鱼翔浅底,虎啸深山,驼走大漠,因为选择了适合自己的位置才造就了生命的极致;小桥流水,蝉吟虫唱,斗转星移,珍器古玩,因为选择了适合自己的方式才创造了美景奇观;钓鱼台的柳影,西山的虫唱,潭柘寺的钟声,池塘边的芦花,因为选择了适合自己的价值才成就了美名的享誉。同样,任何事物只有选择适合自己的方式才是最好的,才能实现自己的价值。

第一章
少有人走的路：梦想成熟的旅程

有一个美国小女孩，从 3 岁时便开始接受音乐教育，4 岁时她已掌握了一些简单的钢琴曲。16 岁那年，她考入丹佛大学音乐学院，梦想成为一名职业钢琴家。然而就在当年夏天，她却放弃了这一梦想。因为在著名的阿斯本音乐节上，她遇到了有生以来最残酷的竞争：一些只有十几岁的孩子，看一眼就能演奏她要练上一年才能弹好的曲子。一向颇为自负的她感觉到了自己与别人的巨大差距，于是她鼓起勇气向父母解释说："对不起，我改变主意了。我不再想成为一个钢琴家。"父母表示接受女儿的决定，而她自己的心中却像堵了一块巨石。

好在不久，她就发现了新的兴趣——"国际政治概况"课程。她的导师也认为她是这一领域难得的千里马，因此倾其所能地指导她，将她引向了国际关系和苏联政治学领域。19 岁时，她便获得了政治学学士学位。26 岁时，她获得博士学位。由于精通四门语言，她很快成了斯坦福大学的助教，专攻苏联军事事务。33 岁时，她已经成为一名杰出的教授。1987 年，在一次晚宴上，她简短而有特色的致辞，引起时任国家安全事务助理的布伦特·斯考克罗夫特的注意。从此她在政界青云直上，直至成为美国历史上第一位黑人女国务卿。她就是创造了黑人女性历史的康多莉扎·赖斯。

获得成功的道路有很多条，我们不能在死胡同里浪费时间和精力。赖斯，就是最好的例子。从一个普通的黑人孩子成长为叱咤风云的政坛明星，这中间的努力大家有目共睹，她善于自省、勇于放弃并重新选择的能力，无疑更值得我们深思：倘若当年她不能放弃自己的愿望，那么她今天也就是一个普通的钢琴手。所以，人生路

上选择正确的目标才是首要的。

适合自己的才是最好的。适合的标准,不在形式而在于是否让自己感觉充实、快乐而有意义。每个人都有一个最适合自己的位置,只有找准了才能实现自己的价值。当一个位置不适合自己时,为什么不换个角色再试试?用平衡心态去寻找人生的另一个突破口,寻找属于自己的方向。

这个世界上没有绝对只有相对,当我们有什么样的选择,其实也就会给予我们什么样的结果。如果脱离现实,无谓地过高选择,其实是可笑与滑稽的。正如我们经常对幼儿说的一句话:还没有学会走你就想跑,那岂不是有些不现实?

俗话说:因地制宜,量体裁衣。其实这都在告诉我们一个简单而明了的哲理,那就是只有适合自己的才是最好的。倘若你是一个很高大的人,却非要去选择一件小尺码的衣服来穿,岂不是让人感觉有些怪异?我们都是平凡之人,为何非要故作所谓的高雅而体现虚假的品位呢?

适合自己的才是最好的,那是一种在自然而协调中体现的真实美。

十几年前有一名学习不错的女孩,由于没考上大学,被安排在本村的小学教书。因为讲不清数学题,不到一周就被学生们轰下了讲台。母亲为她擦眼泪,安慰她说:"满肚子的东西,有人倒得出来,有人倒不出来,没有必要为这个伤心,也许有更适合你的事等着你去做。"

后来,女儿外出打工。先后做过纺织工、市场管理员、会计,

第一章
少有人走的路：梦想成熟的旅程

但都半途而废。然而，当女儿每次沮丧地回来，母亲总安慰她，从没抱怨。30岁时，女儿凭一点语言天赋，做了聋哑学校的辅导员。后来，她又开办了一所残障学校。再后来，她在许多城市开办了残障人用品连锁店，这时的她，已是一位拥有几千万元资产的老板了。

一天，女儿问母亲，前些年她连连失败，自己都觉得前途渺茫的时候，是什么让母亲对她有信心？

母亲的回答朴素而简单。她说，一块地，不适合种麦子，可以试试种豆子；如果豆子也长不好的话，可以种瓜果；如果瓜果也不济的话，撒上一些荞麦种子一定能够开花。因为一块地，总会有一种种子适合它，也总会有属于它的一片收成。

一块地，总会有一种种子适合它。每个人，在努力而未成功之前，都是在寻找属于自己的种子。我们就如同一块块土地，肥沃也好，贫瘠也好，总会有属于这块土地的种子。我们不能期望沙漠中有绽放的百合，我们也不能奢求水塘里有孑然的绿竹，但我们可以在黑土地上播种五谷，在泥沼里撒下莲子，只要你有信心，等待你的，将会是稻色灿灿、莲香幽幽。

适合自己的才是最好的。工作，也是如此。"三百六十行，行行出状元。"在我们的眼里，职业不分高低贵贱，选择适合自己的，就要不断努力向前，不可好高骛远，只要自己觉得快乐、觉得值得，就只管走自己的路，让别人说去吧！

所以，我们在设定目标时，要结合自身条件、外部环境等主客观因素，切实考虑目标的可操作性。谁不想"乘长风破万里浪"？可是如果你没有丝毫的航海知识，你那远大的目标往往会让你葬身海底。

独立思考,开启自己的创造力

你是什么样的人就决定了你走什么样的路,踩着别人的脚印前行,永远都不会有多大的突破。只有学会独立思考,敢于打破常规,大胆创新,才能变被动为主动,寻找到适合自己的出路,取得最终的成功。

一个能不断思考的人,具有创造性的人,也一定会是一个成功的人。要成功就应该有独立思考的习惯,只有养成了独立思考的习惯,才能在风风雨雨的事业之路上独创天下。

牛顿说:"思索,继续不断地思索,以待天曙,渐渐见到光明,如果说我对世界有些微小贡献的话,那不是由于别的,却只是我的辛勤耐久的思索所致。"他甚至这样评价思索:"我的成功就当归功于精心的思索。"

从牛顿的话语中,我们不难得出这样一条真理:独立思考是一个人成功的最重要、最基本的心理品质之一。养成独立思考的习惯,是能够创新的基本条件。

第一章
少有人走的路：梦想成熟的旅程

松下幸之助是由生产电插头起家的。创业之初，由于插头的性能不好，产品的销路大受影响，没多久，他就陷入三餐难继的困境。他身心俱疲地独自走在路上。偶然间，一对姐弟从窗口传出来的谈话声引起了他的注意。当时，姐姐正在熨衣服，弟弟想读书，但是那时候的插头只有一个，用它熨衣服就不能开灯，两者不能同时使用。姐姐和弟弟为了用电，一直吵个不停。

弟弟说："姐，你不快一点开灯，叫我怎么看书呀？"

姐姐说："好了，好了，我就快熨好了。"

弟弟说："老是说快熨好了，已经过了30分钟了。"

姐姐说："好了，好了。"

松下幸之助想：只有一个插头，有人熨衣服，就无法开灯看书；反过来说，有人看书，就无法熨衣服，这不是太不方便了吗？何不设计出同时可以两用的插头呢？他认真研究这个问题，不久，他就设计出两用插头。试用品问世之后，很快就卖光了，订货的人越来越多，简直是供不应求。他只好增加工人，也扩建了工厂。松下幸之助的事业，就此走上稳步发展的轨道，逐年发展，利润大增。

独特的想象力产生思想上的创意，而创意产生财富与成就。你认为你现在想做的事是正确的，并且坚信它一定可以实现的话，就无须左顾右盼，而要勇往直前，果断地向理想挑战，不必理会"倘若失败会怎样"的疑问，那么你离成功就会越来越近。

亨利·兰德平日非常喜欢为女儿拍照，而每一次拍完后女儿都想立刻看到父亲为她拍摄的照片。于是，有一次他就告诉女儿，照片必须全部拍完，等底片卷回，从照相机里拿出来后，再送到暗房

用特殊的药品显影。而且,副片完成之后,还要照射强光使之映在别的相纸上面,同时必须再经过药物处理,一张照片才告完成。

他向女儿做说明的同时,内心却对自己说:"等等,难道没有可能制造出'同时显影'的照相机吗?"后来,朋友们听了他的想法后异口同声地说:"怎么可能?"并列举一打以上的理由说,这纯属一个异想天开的梦。但兰德没有因这些"不可能"而退缩,于是他告诉女儿的话就成了一种契机。最后,他终于不畏艰难地发明了"拍立得相机"。这种相机完全满足了女儿的愿望,兰德企业就此诞生了。

独创并不是高深莫测的神秘的东西,关键是我们要有这种独创的意识,成功与否在于人的"一念"之间。每个人都有创造的能力,在人与人之间,创造力只有大小之分,没有有无之别。在每一个人的身旁都包含着你想象不到的机会和方法,只要你不断地追求卓越,从你所看的每件事里挖掘特点,开动脑筋去创造,便能有所成就。

美国有一家牙膏公司,产品优良,包装精美,深受广大消费者的喜爱,营业额蒸蒸日上。记录显示,前10年每年的营业增长率为100%,令董事会雀跃万分。不过,业绩进入第11年、第12年及第13年时,则停滞下来,每个月维持同样的数字。董事会对此3年业绩表现感到不满,便召开全国经理级高层会议,以商讨对策。

"我手中有张纸,纸上有个建议,若您要使用我的建议,必须另付我5万美元!"会议中,有名年轻经理站起来,对董事们说。

"我每个月都支付你薪水,另有分红、奖励,现在叫你来开会讨论,你还另外要5万美元,是否过分?"总裁听了很生气地说。

第一章
少有人走的路:梦想成熟的旅程

"总裁先生,请别误会。若我的建议行不通,您可以将它丢弃,一毛钱也不必付。"年轻的经理解释说。

"好!"总裁接过那张纸后,阅毕,马上签了一张5万美元支票给那位年轻经理。

那张纸上只写了一句话:将现有的牙膏开口扩大1毫米。总裁马上下令更换新的包装。试想,每天早上,每个消费者多用一些牙膏,每天的牙膏消费量将多出多少呢?这个决定,使该公司第14年的营业额增加了32%。

成功的可贵之处在于创新。一个成大事的人只有通过创造,才能体会到人生的真正价值和真正幸福。创新在实践中的成功,更可以使人享受到人生的最大幸福,并激励人们以更大的热情去继续创新,为自己的成大事之路奠定基础,实现人生的更大价值。

其实,我国著名品牌空调——格力空调的诸多品种中,有一种"灯箱柜机空调",它的发明过程也是很偶然的。

1995年,格力公司的朱江洪在美国考察,无意中看到了可口可乐售货机的颜色很艳丽,脑海里便一下子出现灵感,"格力"因而就设计出了一个获得专利的新产品——"灯箱柜机空调"。

这种空调一扫几十年来的"空调冷面孔":柜面上风景如画,"瓜果飘香",在原来的使用价值中又增加了几分美感。

朱江洪的这一"美国情缘",就让空调的"脸"发生了变化,且"格力"的彩面柜机空调比市场上同类产品价值高出300多元。这种空调在国内外市场都很畅销,而且还因为拥有自己的知识产权,没有竞争对手,而一举成为该公司上百款空调中利润率最高的。

思考能使人不断进步，创新能使你的事业再上一个台阶，与众不同的创新个性能使你成为众人的灵魂。不管你从事的是哪行哪业，幸运之神都往往偏爱会思考、有创新精神的人。因此，从现在起，培养你不断思考、敢于创新的习惯，从生活中的点点滴滴开始培养，成功之日也会离你越来越近。

第一章
少有人走的路：梦想成熟的旅程

没有做不到，只有想不到

在这个世界上，只有想不到的事情，没有做不到的事情。要知道，命运掌握在自己手中，肯定自己，才能超越自己！

人的每一种行为，每一种进步，都与自己的思维能力息息相关，离开了思维，人就什么事情也办不成了。既然我们被自然赋予了"思维"这样神奇的力量，就应该积极开发我们的大脑。脑子是越用越灵的，我们每一次的思维都是在给脑子加油，经过润滑的大脑更能适应自然的变化，人也才会具有更强大的生存本领。

鲁班是我国建筑业的鼻祖，他发明过许多方便实用的工具，锯子就是其中之一。锯子的发明就源于他的善于思考、敢于创新。

鲁班作为一名工匠，他经常到山上去寻找木材。路上，他看到工人们一斧头一斧头大汗淋漓地砍着树，觉得他们实在太辛苦了。于是他就想，能不能发明个什么东西代替斧头，让砍树更省劲呢？这个念头一直在他的脑中盘旋着。

一天，鲁班又出门上山去了。在爬一段比较陡峭的山路时，他

滑了一下，急忙伸手抓住路旁的一丛茅草。忽然，他觉得手指被什么东西划破了，抬手一看，鲜血都渗出来了。他俯身凑到茅草跟前仔细观察，只见茅草叶的边上有一排细细的利齿，正是这些利齿把他的手指划破了。突然间，鲁班脑中灵光一闪，一下子联想到了这些天来自己一直费神思索找个什么东西代替斧头砍伐树木的事。他想，这么细小的茅草都能将皮肉划破，那么应该也有东西能将树木轻易砍倒。

鲁班兴致一来，便忘了疼痛，又扯起一把茅草细细端详，他用草边在手背上轻轻一划，手背居然割开了一道口子。鲁班若有所思地站了起来，他想，我何不让铁匠打制一些边上有细齿的铁条，放在树上来回拉动呢？

根据这一想法，鲁班制成了第一批锯条。经过试用，果然比斧头省事多了。到现在，木工们仍在用着鲁班发明的锯子。

其实人与人之间，谁比谁聪明、谁比谁幸运并不是最大的差距，而最大的差距在于谁思考得多、思考得深、思考得对。鲁班发明锯子，在于他多了一些思考。这就是思考力量的有力说明。因此，我们在生活中要善于思考，对于一些别人解决不了的问题，我们可以换个思路去解决；对于别人想不到的事情，我们要努力想到并实现。

一天夜里，一场雷电引发的火灾烧毁了美丽的"万木庄园"，这座庄园的主人威廉·维尔陷入了一筹莫展的境地。面对如此大的打击，他痛苦万分，闭门不出，茶饭不思。

一个多月过去了，年已古稀的外祖母见他还深陷悲痛之中无法自拔，就意味深长地对他说："孩子，庄园成了废墟并不可怕，可怕

第一章
少有人走的路：梦想成熟的旅程

的是你不动动脑筋去思考怎样改变这种状况。"

威廉·维尔在外祖母的劝说下，决定出去转转。他一个人走出家门，漫无目的地闲逛。在一条街道的拐弯处，他看到一家店铺门前人头攒动。原来是一些家庭主妇正在排队购买木炭。那一块块躺在纸箱里的木炭让威廉·维尔眼睛一亮，他看到了希望，急忙兴冲冲地向家中走去。

在接下来的两个星期里，威廉·维尔雇了几名烧炭工，将庄园里烧焦的树木加工成优质的木炭，然后送到集市上的木炭经销店里。

很快，木炭就被抢购一空，威廉·维尔因此得到了一笔不菲的收入。然后，他用这笔收入购买了一大批新树苗。几年以后，"万木庄园"再度绿意盎然。

威廉·维尔的故事启示我们，一个善于思考的人，无论是在工作上还是生活上都会走在前面。每一个成功的人都是善于思考的人，否则他的成功也只能是偶然而短暂的。一个人的每一个进步、每一个行动都离不开思考，善于思考的人才能从平凡中发现机会，从绝望中看到希望，从而创造出一片广阔的天地。

1974年，魏东义出生于丁埃村一个普通的农民家庭。自小聪明伶俐，是个人见人爱的好孩子。入学后，他更以勤奋好学、品学兼优赢得老师和同学们的喜爱。然而天有不测风云，8岁那年，他就开始关节疼痛，家里人认为是患上了关节炎，一直给他服用激素类消炎止痛药来缓解病痛。他的关节痛时好时坏，直到他上初二，由于过量服用激素药，造成骨质破坏，关节僵硬，除了胳膊能动外，全身关节没有一处能动了。就这样，昔日活泼好动的孩子被病魔摧垮

了,他全身瘫痪了。

老师为之惋惜,父母为之落泪。而这对他本人来说更是可想而知了,他的心情很坏,精神几乎到了崩溃的地步。多少次他想以死来求得自己和父母的解脱,但每次当他看到父母乞求的目光和老师希冀的眼神,他在死神面前就妥协了。于是他开始选择另一种生活方式。"书籍是人类进步的阶梯",他想起了这么一句话。同时,他重新找出了曾让他搁置一边的老师和同学送给他的书,当他开始阅读后,才知道生活是多么精彩,于是他如饥似渴地扑在这些给他启迪和震撼的书籍上,汲取着丰富的营养。《钢铁是怎样炼成的》《雷锋的故事》等书中的一个个人物故事深深激励着他,使他认识到自己虽然身体不能动了,可还有健全的大脑和能动的手臂,自己一定要学习知识,服务社会,做一个对社会有用的人。

做生意,对一个身体健康的人已属不易,而对一个瘫痪在床的残疾人更是可想而知了,但他认准了一个理——"世上无难事,只怕有心人"。他已做好了迎接未来风雨的一切准备。信息是经济发展的窗口,没有信息就没有发展。他一方面向全国各地报刊、电台、电视发布广告寻求求购信息,另一方面收集当地小尾寒羊饲养方面的信息。但是,通向成功的道路上不仅有鲜花,还有荆棘与沼泽。

魏东义开始并没有像预料的那样顺利,他发出的广告信息如石沉大海。于是他接着再发。功夫不负有心人,在他的努力坚持下,终有了一线转机,他的事业开始有了起色。他有了信心,求购的信息越来越多,他每天都不分昼夜地为他人提供和收集信息,不厌其烦地为他人讲解、提供优质服务。就这样,他利用电话这只无形的

第一章
少有人走的路：梦想成熟的旅程

手，硬是把小尾寒羊一步一步地卖到了长江以北的所有省份，与全国各地的100多个客户建立了长期合作关系，销售量由起初的几只、十几只、上百只，逐年增加，收入也越来越多，经验也越来越丰富。魏东义成功了，他终于用自己的行动证实了这么一个道理：别人能做的我也行。魏东义虽取得了这样的成绩，但他并没有满足。

下海后的几年间，魏东义自己变了许多，最大的变化，便是学会在市场经济中掌握了生存与竞争的能力，这包括足够的心理承受能力、不断学习掌握知识的能力等。为适应瞬息万变的市场，魏东义每年都自费几千元订阅十几份经济类、信息类的报纸，收集信息打市场。通过网络，不仅能方便快捷地收集信息，更重要的是能得到一些其他方面的供求信息，开辟新的市场。

如今的魏东义，完全变成了一个"商人"，生意越做越大，他拥有了自己的小尾寒羊养殖繁育场，每年推销小尾寒羊1万只以上，销售额达600多万元。

"一个人富了不算富"，魏东义一直没有忘记自己的父老乡亲们。他把信息与技术传授给群众，并免费提供服务。在他的带动下，丁垓这个800多人的村庄，大部分人从事小尾寒羊的饲养和贩运，成为名副其实的专业村，还推动了该乡小尾寒羊业的发展，全乡小尾寒羊存栏量常年保持在5万只以上，成为远近闻名的小尾寒羊繁育基地。这时躺在病床上的魏东义笑了，这是发自内心的，因为他不仅战胜了自己，也战胜了别人，同时他还用行动印证了这么一句话：有志者事竟成。2004年11月，魏东义被团省委授予"山东省十大杰出青年农民"称号。

　　这则故事，相信会鼓舞无数的青年朋友们。这世界上只有想不到的事情，只要你想到了，又能努力去干，那还有什么事不能做到的？

　　为什么有的人成就了伟业，有的人却碌碌无为一辈子？因为成功的机会无处不在，只是它更青睐善于思考、敢于创新的人。别人成功了，我们却没有，并不是别人运气好，而是他们想到了我们没有想到的成功方法，对这个世界多了份观察，对自己的生活多了份思考。就像有人说的：这个世界不缺少能干活的人，缺少的是会思考的人。

　　当今世界充满了机会，这是以往的梦想家们所没有的。所以，我们只要学会开动自己的大脑，多多思考，说不定就能想到什么好点子。不过，光想到好点子而不进行实践也是没有用的。只有将二者结合起来，才更容易获得成功！

第一章
少有人走的路：梦想成熟的旅程

只有标新立异，才可独领风骚

无论时代怎样发展、科技怎样进步，要想成为大众的宠儿都必须满足一个基本条件：吸引大众的眼球。一件毫不起眼的珠宝，无论它拥有怎样价值连城的内在，都不见得会让多少人掏腰包，但如果能给它设计出一个独特的款式，那么，它就会变成一件炙手可热的抢手货。标新立异，永远是领先的成功之道。

20世纪最后20年，日美汽车大量侵入西欧，几乎把欧洲的汽车工业挤到了灭亡的边缘。像以"车到山前必有路，有路就有丰田车"著称的丰田汽车公司，因其优质低价的汽车而风靡全球。

第18届世界汽车大赛的赛场上，依次排列着十几辆世界级品牌的高级汽车，奔驰车以其豪华的造型位居其列。在这次巴黎举办的汽车赛上，如果奔驰失败，那就很难想象会有人愿意花买两辆丰田车的价钱去买一辆笨手笨脚的奔驰车了——尽管奔驰车的质量无与伦比，尽管奔驰车耐用又舒适豪华，但这一次一旦失败，奔驰车将毫无疑问地被挤出强者的行列。比赛开始后，奔驰公司的总裁埃沙

德·路透一眼不眨地盯着大屏幕，注视着一路扬尘而去的小汽车。

赛场上，无论是日本的丰田、本田，还是美国的雪佛莱、野马，谁也没有占到丝毫优势。奔驰车夹在日美汽车中间，速度上丝毫不逊色，然而它也仅能与之并驾齐驱，看不出有什么优势。

此时路透的心简直提到嗓子眼了，周围的几名助手大气都不敢出一声，一起注视着赛场上奔驰的命运。赛程过半的时候，路透轻轻吁了一口气，因为奔驰已显现出了一点儿微弱的优势。很快，各型名车都将车速提到最高的限度，到了最后冲刺阶段……

随着赛场上的一阵阵欢呼，路透终于揉了揉眼睛，脸上露出了自信的笑容。奔驰车赢了，超过了它所有的竞争对手。这一胜利，不仅保住了欧洲汽车工业的一席之地，也更加稳固了奔驰汽车在世界汽车工业中的地位。

其实早在10年之前乃至更久以前，奔驰汽车就以雄厚的实力而雄踞世界汽车制造业前列：世界上最早的一辆汽车就叫奔驰，而奔驰公司的创始人卡尔·本茨和哥特里普·戴姆勒正是汽车的缔造者。只是到了埃沙德·路透的时候，这个满怀雄心壮志的德国人，决定要采取另一种竞争方式来稳固奔驰的地位。

路透为了激励全体员工来共同实现新的目标，他感觉到有必要亲自到车间和试验场去身体力行一番。他当然知道这逆天而行的一步——如果成功，将给奔驰公司带来多么高的荣誉，但他更清楚，一旦失足，会有多么大的损失。路透必须鼓起所有的士气走好这一步险棋。

在奔驰600型高级轿车问世之前，路透便对他的技术专家们说：

第一章
少有人走的路:梦想成熟的旅程

"我最近想出了一则极具创意的汽车广告,当然是为咱们奔驰想的。这则广告是:'当这款奔驰轿车行驶的时候,最大的噪音来自于车内的电子钟。'我准备把这款奔驰车定价为17万马克。"专家们当然明白总裁的意思,却仍不免大吃一惊:17万马克,如果买普通轿车能买好多辆!

经过不懈的努力,路透的愿望终于变成了现实,闻名世界的高级豪华型轿车——奔驰600问世了,它成了奔驰轿车家族中最高级的车型,其内部的豪华装饰,外部的美观造型,无与伦比的质量都令人叹为观止。很快,各国的政府首脑、王公贵族以及知名人士,都竞相挑选奔驰600作为自己的交通工具。因为,拥有奔驰就是财富的象征。

如今的奔驰汽车公司已是德国汽车制造业最大的垄断组织,也是世界商用汽车的最大跨国制造企业之一。奔驰汽车以优质高价著称于世,历时百年而不衰。

当其他企业大多从降低成本、降低自己商品的价格来达到增强竞争实力的目的时,奔驰公司则逆其道而行,大获成功。这不能不给人某种启示:办事不能一味地按一般规则走,不能机械地办。

盛田昭夫和井深大一起创立的索尼公司的宗旨是:"绝对不搞抄袭伪造,而专选别人今天甚至以后都不易搞成的商品。"如果在创建事业的最初,这条宗旨表明了公司的原则和奋斗目标的话,那么之后实施和坚持这条宗旨,则成了盛田昭夫接连成为市场竞争大赢家的秘诀之一。

20世纪50年代初,收音机在日本还不是十分普及,但人们已经逐渐认识到了收音机的好处——收音机市场大有潜力可挖。很多制造商都看准了收音机市场必将火爆的那一天,因而纷纷大批量生产。

当时流行的收音机并非很完美,而是存在很大的缺点:其内部几乎全部使用笨重易热的真空管,体积很大,耗电量又高,并且不能随身携带。

盛田昭夫和井深大在当时也被收音机市场的潜力引诱着,但又生怕背负未来市场过剩的竞争压力。这时井深大总经理抓住了流行收音机的缺点,设想如果索尼(当时名叫东京通信工业公司)生产的收音机能够克服这些缺点,必然会大受消费者的青睐,独占收音机市场的鳌头,成为技术革新的引领者。

盛田昭夫想要研制一种能携带甚至可以放在衬衣口袋里的小型收音机,要实现这一点,就必须以半导体取代真空管。而半导体的专利权,当时只在美国有,发明它的是休克利博士。

他们专门为半导体的事去了一趟美国,想要引进休克利博士发明的半导体专利。之后,盛田昭夫与拥有半导体专利权的西方电气公司签订了专利合约。最终,盛田昭夫推出了日本第一批小巧玲珑的半导体收音机。这批第一次标有"SONY"字样的产品,一出世便令同行和消费者惊诧,"SONY"牌收音机一下子风靡日本,原来的真空管收音机顷刻之间成为过时货。

时隔不久,索尼生产出更小的口袋型半导体收音机并大批上市。这种收音机可随身携带,就像手表一般便捷,在社会上形成

第一章
少有人走的路：梦想成熟的旅程

了一种新时尚，标新立异的索尼公司顿时引起人们的极大注意——"SONY"成了家喻户晓的名牌。

标新立异使盛田昭夫赢得了消费者的心，在市场竞争中出奇制胜。在同行企业对盛田昭夫既嫉妒又羡慕的时候，他又开始了新的研究。

盛田昭夫在和同行的竞争中总能以新取胜。他写过一段耐人寻味的话："我们的计划是用新产品来带领大众，而不是被动地去问他们要什么产品。消费者并不知道什么是可能的，但是我们知道。因此我们要去下一番功夫做市场调查，并且有不断修正每一种产品及其性能、用途的想法，设法依靠引导消费者、与消费者沟通来创造市场。"这段话体现了盛田昭夫的经营理念，体现了索尼公司的一个基本精神，风靡全球的"Walkman（随身听）"就是这种精神的产物。

一天，总经理井深大提着手提式录音机和一副耳机，来到盛田昭夫的办公室，一脸无奈地说："我喜欢听音乐，可又不希望影响别人，又不能整天坐着不动，只好提着录音机走。可这实在是太沉重了，这份疲累哪是我这老头子能吃得消的？"

井深大这番抱怨的话一下子激发了盛田昭夫的思维与想象。他想，能否研制一种小型随身携带的录音机呢？如果研制成功的话，井深大不就再也不会抱怨手提式录音机的沉重了吗？当然，它会更好地满足那些须臾也离不开音乐的年轻人。

经过不断创新，一台"随身听"的样品造出来了，精致而小巧，音效也非常好。果然，这种"随身听"一上市就被抢购一空，供不应求。面对雪片般飞来的订单，索尼公司必须以自动化生产来应付。

与此同时,"随身听"也大大刺激了索尼公司的耳机研制,使它跻身于全世界最大耳机制造商之林,在电子产品大国日本也占据了50%的市场。

由于美名远扬,连著名指挥家卡拉扬等音乐大师也来索尼公司订购"随身听"。

几十年来,索尼公司在盛田昭夫的标新立异思想指导下,发明创新,用创新赚得了丰厚的利润。

从上述实例可以看出,只有标新立异才可以独领风骚,也只有那些能不断创新的人才可以不断获得成功。模仿与抄袭也许可以取得一点小小的成绩,但不能永久发达。当形势与环境发生变化时,唯有标新立异的人才可以从一个成功走向新的成功。

第二章

上天不需要你成功,它只需要你尝试

人生本来就是一场探索、冒险的旅程。很多人之所以不能成功,就是因为害怕冒险。从福布斯排行榜看,富人们有一个共同特征,那就是他们天生就是冒险家,不管面对什么样的风险,他们都敢去冒险。所以,想成功,就要勇于探索、敢于冒险。

成功必须不惧风险

成功是一个美好的字眼,但成功的路上总会遇到许多风险。正所谓"凤凰涅槃,浴火重生"。如果凤凰不经历"浴火"的风险,它又怎么会获得重生,赢得"百鸟之王"的称号呢?这个道理适用于我们每一个人。

58岁的哈默购买了西方石油公司,开始做石油生意。石油是当时最能赚大钱的行业,也正因为最能赚钱,所以竞争尤为激烈。初涉石油领域的哈默要建立起自己的石油王国,无疑面临着极大的竞争风险。

首先碰到的是油源问题。1960年石油产量占美国总产量38%的得克萨斯州已被几家大石油公司垄断,哈默无法插手;沙特阿拉伯是美国埃克森石油公司的天下,哈默难以染指……

如何解决油源问题呢?

当花费了1000万美元勘探基金而毫无结果时,哈默再一次冒险地接受一位青年地质学家的建议:旧金山以东一片被行士古石油公

第二章
上天不需要你成功，它只需要你尝试

司放弃的地区，可能蕴藏着丰富的天然气，他建议哈默的西方石油公司把它租下来。

哈默又千方百计从各方面筹集了一大笔钱，进行这一冒险的投资。

当石油工人钻到860英尺（262米）深时，终于钻出了加利福尼亚州的第二大天然气田，估计价值在2亿美元以上。

哈默成功的事实告诉我们：风险和利润的大小是成正比的，巨大的风险能带来巨大的利益。不尝试而失败，如同运动员竞赛时的弃权，是一种令人极端愤慨的行为。一个成功的人，必须具备坚强的毅力，以及"拼着失败也要试试看"的勇气和胆略。

当然，冒风险也并非铤而走险，敢冒风险的勇气和胆略必须建立在对客观现实的科学分析基础之上。顺应客观规律，加上主观努力，力争从风险中获得利益，是成功者必备的心理素质，这就是人们常说的有胆有识。

美国的百货业巨子约翰·甘布士就是一个敢于冒险，善于冒险的勇士。他的经验之谈极其简单："不放弃任何一个哪怕只有万分之一可能的机会。"约翰·甘布士善于抓住机会，因而能战胜逆境，取得成功。

某年，约翰·甘布士所在的地区经济萧条，绝大多数工厂和商店纷纷倒闭，被迫贱价抛售自己堆积如山的存货。

那时的约翰·甘布士是一家织造厂的小技师。他马上把自己积蓄的钱用于收购低价货物，人们见到他这种做法，都嘲笑他看不清形势。

此时的约翰·甘布士对别人的嘲笑漠然置之,依旧收购各工厂抛售的货物,并租了一个很大的货仓来贮货。

妻子劝他,不要这样大批量地购买别人廉价抛售的东西,因为他们历年积蓄下来的钱数量有限,而且是准备用作子女未来的教育经费的。如果此举血本无归,那么后果便不堪设想。对于妻子忧心忡忡的劝告,甘布士笑过后又安慰道:"3个月以后,我们就可以靠这些廉价货物发大财。"甘布士的话似乎兑现不了。又过了些日子后,那些工厂贱价抛售也找不到买主了,便把所有存货用货车运走烧掉,以此稳定市场上的物价。

妻子看到别人已经在焚烧货物,不由得焦急万分,抱怨起甘布士来。对于妻子的抱怨,甘布士一言不发。

最终,为了防止经济形势恶化,美国政府采取了紧急行动,稳定了物价,并且大力支持厂商复业。这时,当地因为焚烧的货物过多,存货欠缺,物价一天天飞涨。约翰·甘布士马上把自己库存的大量货物抛售出去,一来赚了一大笔钱,二来使市场物价得以稳定,不致暴涨不断。

在他决定抛售货物时,这时妻子又劝告他暂时不忙把货物出售,因为物价还在一天一天飞涨。他平静地说:"是抛售的时候了,再拖延一段时间,就会后悔莫及。"

果不其然,甘布士的存货刚刚售完,物价便跌了下来。妻子对他的远见钦佩不已。甘布士用这笔赚来的钱,开设了5家百货商店,后来,他成为全美举足轻重的商业巨子。他在一封给青年人的公开信中诚恳地说道:"亲爱的朋友,我认为你们应该重视那万分之一的

第二章
上天不需要你成功，它只需要你尝试

机会，因为它将给你带来意想不到的成功。有人说，这种做法是傻子行径，比买奖券的希望还渺茫。这种观点是有失偏颇的，因为开奖券是由别人主持，丝毫不由你主观努力；但这种万分之一的机会，却完全是靠你自己的主观努力去完成的。"

一个人的才华，一个人的能力，只有通过冒险，通过克服一道道难关，才能锻炼和展现出来。"不入虎穴，焉得虎子"，只有我们勇敢地面对风险和困难，鼓足勇气去战胜它，才能得到更美好的收获。

古往今来，但凡成功的人，都得益于他们所拥有的果敢的性格与心态。虽然在一个人作出果断决策的同时，就意味着有两种情况发生：一种是成功，另一种是失败。但如果我们没有足够的勇气和信心去承担这份风险，那么做到果断自然是一件很困难的事。失败与机遇并存，风险与成功同在，"无限风光在险峰"。所以，没有风险就不会有波澜壮阔的人生，就不会有绚丽壮美的人生风景。

你不得不为成功而冒险，正如你必须为失败而冒险一样。如果你试图逃避，或被压垮，你就输了。所以说，要想成功，你就要敢于冒险，并且敢冒最大的险。

1866年，汽车诞生了，为适应时代发展的需要，满足客户的要求，劳埃德保险公司在1909年率先承接了这一形式的保险，在还没有"汽车"这一名词的情况下，劳埃德保险公司将这一保险项目暂时命名为"陆地航行的船"。

劳埃德公司还首创了太空技术领域保险。例如，由美国航天飞机施放的两颗通讯卫星，1984年曾因脱离轨道而失控，其物主在劳埃德公司投了1.8亿美元的保险。劳埃德公司眼看要赔偿一笔巨款，

就出资 550 万美元，委托美国"发现号"航天飞机的宇航员，在 1984 年 11 月中旬回收了那两颗卫星。经过修理之后，这两颗卫星已在 1985 年 8 月被再次送入太空。这样，劳埃德公司不仅少赔了 7000 万美元，而且向它的投资者说明：从长远看，卫星保险还是有利可图的。

"敢冒最大的风险，去赚最多的钱"，一直是劳埃德公司的宗旨，它最大的自豪就是它的开拓创新精神，也就是能敏捷地认识并接受新鲜事物。现任劳埃德公司总经理说：劳埃德公司的传统就是要在市场上争取做新保险形式的第一名。

俗话说：没有一成不变的商情，没有一劳永逸的商机。在风云变幻的商场上，每个人都有可能遇到发展的机会，但并不是每个人都能抓住机会。抓住机会既要具备异于常人的才能，又要具备超越常人的胆识，因为风险与机遇并存，风险与成功并存。成功需要冒险，"不入虎穴，焉得虎子"揭示了一个千古不变的道理：成功常常属于那些敢于抓住时机、大胆冒险、不放弃有利机会的人。

第二章
上天不需要你成功，它只需要你尝试

大胆尝试，接近成功

任何一个有成就的人，都有勇于实践的经历。比尔·盖茨的业务导师博恩·崔西是全美最具影响力的演说家和成功学讲师，他的足迹遍布92个国家，曾经在43个国家举行演讲。他曾经说过："成功的关键在于行动，成功的人都是行动导向的人。一旦他们有了什么想法，就立即去实践，实践的结果有两种，一是可能成功，一是可能失败，成功总是伴随着一串失败，是失败的累积。所以只要你去试，就不会输。"

"不要怕失败，关键在于行动。"博恩·崔西说，"从中国到美国的航班，飞机在99%的时间都会偏离预定的航道，但这些飞机大都会准时到达，就是因为他们会在行动过程中不断修正自己的错误，人生的旅程也是如此。"

从前有一个国王，他有一件非常重要的国家大事，需要委派一位大臣到邻国去办理，但他想来想去也不知道派哪一位大臣最合适。经过反复思考后，他终于想出了一个办法。

一天,他把所有的大臣都召集到一块儿,并把他们领到一扇巨大的铁门前从容地对众臣说:"谁要是把眼前的这一扇铁门推开,我一定会给予重赏。"

话音刚落,大臣们众音皆哑。你看着我,我看着你,感到非常惊讶,心想这么大一扇铁门,就是全部大臣一起也不能推开,更何况一个人了。最后所有的大臣都带着一种"根本不可能"的表情摇摇头。

突然,一位大臣从人群中走出来,到铁门前毫不犹豫地用一只手就把铁门推开了。这时大臣们都惊呆了,国王走到他面前满意地笑了,并把这个重任交给了他。

理由很简单,他是一个思想独特、敢于尝试的人。

当一个人害怕失败到极点,他就再也不敢行动。这样,他自己就剥夺了尝试的机会,他就永远不能给自己制造改变命运的机会了。年轻人要敢于去尝试,不要想想就算了。一件事情的背后往往会遇到很多新的机遇,而这些机遇不尝试是不会取得成功的。你所跨出的一步,往往会给你下一步的人生带来很大的改变。

假如你是一个只有19岁的穷大学生,连上学的钱都不够,能够不偷不抢,也不从事任何其他非法的活动,完全凭自己的智慧在短短1年内赚到100万美元吗?可能大多数人听到这样的问题时,都会笑着摇头,说:"绝不可能!"

如果再问一句:"你相信有这样的人吗?"可以断定,还是会有不少人会摇一摇头,说:"绝不可能!"

但是,你错了。因为世界上没有什么是不可能的。大多数人认

第二章
上天不需要你成功，它只需要你尝试

为"绝不可能"的事，真的就有人做到了。这个人名叫孙正义，一个被誉为"全球互联网投资皇帝"的人。

孙正义，这个身高仅仅1.53米的矮个子男人，在他19岁时就制定了自己50年的人生规划，其中一条，就是要在40岁前至少赚到10亿美元。如今这个梦想早已成为现实。

看看他是如何利用智慧赚到人生第一个100万美元的。

在制定人生50年规划时，他还是一个留学美国的穷学生，正为父母无法负担他的学费、生活费而发愁。他也曾有过到快餐店打工的想法，但很快又被自己否定了，因为这与他的梦想差距太大。左思右想之后，他决定向松下学习，通过创造发明赚钱。于是，他逼迫自己不断想各种点子。一段时期内，光他设想的各种发明和点子，就记录了整整250页。

最后，他选择其中一种他认为最能产生效益的产品——"多国语言翻译机"。但这时问题马上来了：他不是工程师，根本不懂得怎么组装机子。当然这肯定难不住他，他向很多小型电脑领域的一流著名教授请教，向他们讲述自己的构想，请求他们的帮助。

虽然大多数教授拒绝了他，但最终还是有一位叫摩萨的教授，答应帮助他，并为此成立了一个设计小组。这时孙正义又面临另一个问题：他手上没有钱。

怎么办？这也难不倒他，他想办法征得了教授们的同意，并与他们签订合同：等到他将这项技术销售出去后，再给他们研究费用。

产品研发出来后，他到日本推销。夏普公司购买了这项专利，而这笔生意一共让他赚了整整100万美元。

所以，一个人只要开动"脑力机器"去解决问题，去想方法，就没有什么不可能，就能创造奇迹。而要创造这种奇迹，关键在于改变发问方式：将否定式的疑问——"怎么可能"，变为积极性的提问——"怎样才能"！而这一切，都需要你大胆尝试过了才知道。

一位年轻人在公司工作半年后很想了解总裁对自己的评价，虽然他觉得事务繁忙的总裁可能不会理睬，但这位年轻人还是决定给总裁写一封信。他在信中向总裁问了最重要的一个问题："我能否在更重要的位置上干更重要的工作？"

没想到总裁回信了，他只对他最后的问题做了批示："公司决定建一个新厂，你去负责监督新厂的机器安装吧。但你要有不升迁也不加薪的准备。"随同那封回信，还有总裁给他的一张施工图纸。年轻人没有经过这方面工作的任何训练，却要在短时间内完成任务，在一般人看来，这是非常困难的。年轻人也深知这一点，但他更清楚，这是一个难得的机会，如果自己因为困难而退缩，那么可能永远也不会有幸运垂青于他。于是，他废寝忘食地研究图纸，向有关人员虚心请教，并和他们一起进行分析研究。最后，工作得以顺利开展，并且提前完成了总裁交给他的任务。

当这位年轻人向总裁汇报这项工作的进展时，他没有见到总裁。一位工作人员交给他一封信，信中说："当你看到这封信时，也是我祝贺你升任新厂总经理的时候。同时，你的年薪比原来提高10倍。据我所知，你是不能看懂这图纸的，但是我想看看你会怎样处理，是临阵退缩还是迎难而上。结果我发现，你不仅具有快速接受新知识的能力，还有出色的领导才能。当你在信中向我要求更重要的职

第二章
上天不需要你成功，它只需要你尝试

位和更高的薪水时，我便发现你与众不同，这点颇令我欣赏。对于一般人来说，可能想都不会想这样的事，或者只是想想，但没有勇气去做，而你做了。新公司建成了，我想物色一个总经理。我相信，你是最好的人选，祝你好运。"

生活中确实有许多的"不可能"，它无时无刻不在削弱着我们的意志和理想，许多本来能被我们把握的机遇，也便在这"不可能"中悄然逝去。其实，这些"不可能"大多是人们的一种想象，只要我们能拿出勇气主动出击，那些"不可能"就会变成"可能"。我们很多时候之所以不能成功，缺乏的不是才能和机遇，而是缺乏那种大胆尝试的勇气。

尝试需要勇气，勇气永远是成功的催化剂；尝试需要坚忍，坚忍铸造卓越与杰出；尝试需要参与，参与才能增长才干，开阔眼界。如果不去尝试，虽然避免了失败，但也失去了成功的机会，相信我们不是屡试屡败，而是屡败屡试。跌倒一万次，第一万零一次仍能微笑站起来的人，生活永远难不倒他。也许奔流掀不起波浪，也许攀缘达不到顶峰，但我们毫无怨言，因为尝试过，人生才能无悔。

每一个人都可以界定自己的人生目标，并制定各个时期的目标，但如果你不笃行，还是会一事无成。苦思冥想，谋划如何有所成就，不能代替获得成功的实践。不肯行动的人，只能是在做白日梦，这种人不是懒汉，就是害怕挫败。

克雷洛夫说："现实是此岸，理想是彼岸，中间隔着湍急的河流，行动则是架在河上的桥梁。"行动才会产生结果。行动是成功的

保证，任何伟大的目标、伟大的计划，最终必然落实到行动上。任何事，都不要在做之前就妄下结论，只要你敢于大胆尝试，就代表你又接近成功一步。

第二章
上天不需要你成功，它只需要你尝试

成功的路，是靠自己闯出来的

我们每个人都渴望成功，但并不是每个人都敢于闯荡，因为闯荡还有一个风险问题，而很多人怕承担风险，所以不敢闯荡，最后与成功失之交臂。只有敢闯的人，才会最终走向成功。

有人曾对许多成功人士，包括奥运会金牌得主、企业大亨、政界大腕、影视明星等，甚至还有走向太空的人，做过多年的调查研究，然后得出一个结论：成功的关键是要有成功的胆量，敢想是成功的第一步。研究者还指出，在成功者和其他人之间有一条明显的界线，不妨称其为成功的边缘。这个边缘不是特殊环境或是智商差异的结果，也并非教育优劣或天赋有无的产物，也不靠什么天时地利来成就，而跨越边缘的关键是敢想敢做的态度。

汪商就是一个敢闯的人。1998年，他只身一人从老家出来闯荡。10多年过去后，他终于有了一份自己的事业。他说，如果当初不敢出来闯，他现在也许还在别人的工厂里打工呢。

1992年，初中毕业后的汪商在老家浙江台州的一家企业里打

工。每到过年过节,看到自己身边的朋友都在外地做生意,自己也沉不住气了。当时,他有个朋友在芜湖做建材生意,告诉他,宣城开了个建材市场,应该很有前途。在这位朋友的引导下,汪商辞去了厂里的工作,怀揣着17万块钱,第一次来到宣城建材市场,在那里租了个门面卖建材,主要有卫生洁具、陶瓷、水暖器材等,东西多,品牌杂。当时经常有许多宁国的顾客到他的店里去买东西,宁国人买东西都选最好的东西买,而且很干脆。当时他想,宁国这个地方的生意一定很好做。于是,他几次来到宁国,做了一番市场调查,果不其然,宁国虽然是一个县级市,但消费水平一点也不低,而且宁国人热情豪爽,不排外,他认为,在宁国开店应该比宣城更好。

2000年7月,汪商关掉了在宣城的店铺,来到宁国,他先在北园路租了四间门面房。刚到宁国时,由于人生地不熟,加上自己又年轻,缺乏理财经验,前几年几乎没有赚到钱。好在他的心态好,他说,出门就是准备吃点亏的。所以不管遇到什么困难,他都能坦然面对。

汪商成功了,他的成功不仅是因为他有着敏锐的商业眼光,更是因为他有一种敢闯敢做的精神。十几年前来宁国闯荡的汪商,如今已经在宁国成家立业。我们相信,就凭着他那股闯劲与眼光,他的事业一定会更加辉煌。

要想挣大钱、成大事,就要敢想,敢往深里想、敢往远里想、敢往大里想、敢往疯里想、敢往不可思议想、敢往别人认为是开玩笑里想。但无论怎样想,一定要配合一套完整的、可行的实施计划

第二章
上天不需要你成功,它只需要你尝试

和忠心无悔、百折不挠的信念。要不然,别人真的会把你当成神经病。

每个人都有自己的梦想,并且这些梦想几乎都是绚丽而夺目的。但要把梦想变成现实,就不是几句话可以解决的问题了,它需要有一种敢闯的精神,必须付出一番艰辛的努力,时刻准备着面对挫折和困难,只有这样,才能实现自己的梦想。没有谁能给你铺好一条通往成功的路。成功的路,是靠自己闯出来的!

美国第一大汽车制造商亨利·福特在取得成功之后,成了众人羡慕备至的人物。有些人觉得他是由于有运气,或者是得益于有影响的朋友帮助,还有人说他本身就是一个管理天才,或者他具有常人所认为的形形色色的"秘诀"——所以福特成功了。

当然,不可否认的是,这些因素中有几种是起了作用的,但是肯定还有些别的什么东西在起作用——也许每个人都懂得福特成功的真正原因,而每个人通常认为没有必要谈到这一点,因为它太简单了。只要一看福特的行动,就可完全了解他成功的"秘诀"。

当年,亨利·福特决定改进著名的T型车的发动机汽缸。他要制造一个铸成一体的八个汽缸的引擎,便指示工程人员去设计。可是,当时所有工程技术人员无不认为,要制造这样的引擎是不可能的。虽然面对老板,他们还是一口回绝了这样的"无理要求"。

听完技术人员的介绍后,福特没有气馁,他用无可反驳的语气说:"无论如何要生产这种引擎。"

"但是,"他们回答道,"这是不可能的。"

"我是绝不相信任何不可能的,去工作吧!"福特命令道,"坚持

做这件工作,无论要用多少时间,直到你们完成了这件工作为止。"

大多数的员工被他强大的气势所感染,负责技术的人只好又硬着头皮回去工作了。如果他们要继续当福特汽车公司的职员,就必须努力钻研,不能去想那些无关紧要的事。结果6个月过去了,工作没有一丝进展。又过了6个月,他们仍然没有成功。这些工程人员愈是努力,这件工作就似乎愈是"不可能"。

到年底时,福特咨询这些工程人员时,他们再一次向他报告他们无法实现他的命令。"继续工作!"福特义无反顾地说,"我需要它,我决心得到它。哪怕它是一只老虎,我也有勇气擒住它!"

可想而知,最后的情形是怎样的呢?在这种勇气面前,任何困难和挫折都成了它的手下败将。

当然,制造这种发动机并不是完全不可能的。当最终的成果被装到汽车上时,福特和他的公司把那些最有力的竞争者远远地抛到了身后,以致他们用了很多年才赶上来。

正因为福特的这种勇气给了技术人员必然成功的心态,也让参与研制开发的人员没有任何退路可走,他们只能孤注一掷,只能成功。

勇往直前者,才会无往而不胜。有闯劲的人才敢于应对挑战,才能把一个个奇迹变成现实,把一个个不可能变为可能。闯荡社会,就要有福特那样的气概,以非凡的勇气和不达目的绝不罢休的气势,去稳定彷徨不定的军心。唯有鼓起闯劲,才能在成功的路上劈波斩浪。

第二章
上天不需要你成功，它只需要你尝试

找准人生方向，勇敢付诸行动

以创造微软帝国而享誉世界的比尔·盖茨，在自己的青年时代果断弃笔从商，以非凡的才智和勇气，创造了属于自己的时代。

比尔·盖茨在上中学的时候，父母亲曾经对他说："哈佛大学是美国高等学府中历史最悠久的大学之一，是一个充满魅力的地方，是成功、权力、影响、伟大的象征。你必须读一所大学，而哈佛是最好的。它对你的一生都会有好处。"盖茨听从了父母亲的劝告，考进了美国最著名的哈佛大学。他当时填的是法律专业，但他其实并不想继承父业而去当一名律师。

盖茨在哈佛既读本科又读研究生课程（这是哈佛学生的特权），但他的真正兴趣却在计算机上。他曾同朋友一起认真地讨论过创办自己的软件公司。他认定"计算机很快就会像电视机一样进入千家万户，而这些不计其数的计算机都会需要软件"。

在读大学二年级的时候，比尔·盖茨终于向父母说了他一直想说的话："我想退学。"

父母亲听后感到非常吃惊,也非常伤心。他们认为比尔现在的一切都很好,如果放弃令人羡慕的律师专业,而去从事毫无"发展前途"的计算机行业,无疑是一种很大的冒险,因为他是在拿自己的终身事业做赌注。但他们无法说服盖茨改变主意。于是,他们请了一位受人尊敬的商业界领袖去说服盖茨。

接下来,盖茨在同这位商业巨头会面的过程中,像个布道者一样滔滔不绝地讲述自己的梦想、希望和正在着手做的一切。这位商业巨头在不知不觉中反而被感染了,仿佛又回到了自己当年白手起家的创业时代。他忘记了自己的使命,反而鼓励盖茨:"你已经看到了一个新纪元的开始,而且正在开创这一个伟大的时刻。好好干吧,小伙子。"

父母亲万般无奈,只得同意了盖茨的要求。

从此之后,盖茨一心一意地投身于自己的计算机软件领域,他真的在梦想成真的成功之路上,开创了世界瞩目的业绩。

盖茨是大企业家,他为了使自己的计划实现,权衡利弊,勇于放弃读完哈佛大学的机会,而搞自己有兴趣的软件。如果他听取了父母的意见,读完大学再来创业,他现在又如何能誉满全球,成为世界上最声名显赫的"软件大王"比尔·盖茨呢?

事实证明,盖茨的选择是对的,在短短的十几年之内,一个无与伦比的微软帝国出现了,盖茨也一跃成为世界首富,并成为人类历史上第一个财富超过千亿美元的人。他的巨大成功,正源于那次看似冒险、实则英明至极的退学选择。

冒险不等于浮夸风,不是"人有多大胆,地有多大产"般的主

第二章
上天不需要你成功，它只需要你尝试

观浪漫主义，冒险需要有足够的思考和观察，在可行性较大的情况下才会有巨大的效应出现。

又如，自古盖房子出售，都是先盖好房再出售，但商界奇才霍英东却来了个反其道而行之——"先出售，后建筑"。这一勇敢的冒险行为成就了霍英东的一生。正是由于霍英东这一顿悟，他摆脱了束缚，迈上了由一介平民变为亿万富豪的传奇般的创业之路。

霍英东是中国香港立信建筑置业公司的创办人。在香港人的眼中，他是个"奇特的发迹者"。"白手起家，短期发迹""无端发达""轻而易举""一举成功"等，这些议论使霍英东的发迹蒙上了一层神秘的色彩。霍英东的发迹真的那么神秘吗？不，他主要是运用了"先出售、后建筑"的冒险高招。

霍英东还有一个更为可贵的品质，那就是不错过任何一个机会来发展自己的事业。20世纪50年代初，霍英东慧眼独具，他看出了香港人多地少的特点，认准了房地产业大有可为，于是毅然倾其多年的积蓄，投资到房地产市场。1954年，他着手成立了立信建筑置业公司。他每日忙于拆旧楼、建新楼，又买又卖，大展宏图，用他自己的话说："从此翻开了人生崭新的、决定性的一页！"

在他之前的房地产业，都是先花一笔钱购地建房，建成一座楼宇后再逐层出售，或按房收租。这种方法虽然稳妥踏实，但对快速发展他的事业却颇为不利，此时，霍英东通过反复思考想到了一个妙招，即预先把将要建筑的楼宇分层出售，再用收上来的资金建筑楼宇，来了一个先售后建。这一先一后的颠倒，使他得以用少量资

金办了大事情。原来只能兴建一幢楼房的资金,他可以用来建筑几幢新楼,甚至更多;同时,他又能以较雄厚的资金购置好地皮,采购先进的建筑机械,从而提高建房质量和速度,降低建造成本。更具竞争力的是他的楼宇位置比同行的更优越,而价格却比同行的更低廉。而且,有时他还采用分期付款的预售方式,使人人都能买得起。

霍英东的"戏法"真是高明,他开创了大楼预售的先河。为了推广先出售后建筑的"戏法",霍英东率先采用了小册子及广告等形式广为宣传。他说:"我们开展各种宣传,以便更多有余钱的人来买。譬如来港定居或投资的华侨、侨眷,劳累了半生略有积蓄的职员,做其他小生意胀满荷包的商贩,都可以来投资房产。谁不想自己有房住?只有众多的人关心它、了解它、参与它,我们的事业才有希望。"霍英东的广告效果颇为不错。立信建筑置业公司在短短的几年里,所营建、出售的高楼大厦就布满了香港、九龙地区,打破了香港房地产买卖的纪录。这个既不是建筑工程师出身,又非房地产经营老手的人,用不长的时间便成了赫赫有名的楼宇住宅建筑大王、资产逾亿万元港币的大富豪。

霍英东的奇思妙想成就了他的大业,这种反其道而行之的方式后来成为各家建筑商争相模仿的对象。他开创的"先售后建"的先河改变了房地产原来的格局,成了后来房地产行业的一大标准。

从古至今,那些成功人士之所以能够成功,究其原因是他们找准了人生的方向,进而大胆行动。如果我们也想成为跟他们一样成功的人，那么，从现在开始就应好好思考自己到底想走什么样的路，当我们确定好人生的方向之后，一定要鼓起勇气付诸行动，只有这样，我们才能一步一步朝成功靠近！

机会与风险永远并存

管理学认为：克服不确定、不完善性的最好方法，莫过于组织内拥有一位具有冒险精神的战略家。在成功者的眼中，生意本身就是一种挑战，一种想战胜别人赢得胜利的挑战。希望成功又怕担风险，往往就会在关键时刻失去良机，因为风险总是与机会联系在一起的。从某种意义上说，风险有多大，成功的机会就有多大。

抓住机会既要具备异于常人的才能，又要具备超越常人的胆识，因为风险与机遇并存，风险与成功并存。世上没有万无一失的成功之路，动态的市场总带有很大的随机性，各要素往往变幻莫测，难以捉摸。所以，要想在波涛汹涌的商海中遨游，非要有冒险的勇气不可。

J.P.摩根诞生于美国康涅狄格州哈特福的一个富商家庭。摩根家族在1600年前后从英格兰迁往美洲大陆。最初，摩根的祖父约瑟夫·摩根开了一家小小的咖啡馆，积累了一定资金后，又开了一家大旅馆，既炒股票，又参与保险业。可以说，约瑟夫·摩根是靠胆

第二章
上天不需要你成功，它只需要你尝试

识发家的。一次，纽约发生大火，损失惨重。保险投资者惊慌失措，纷纷要求放弃自己的股份以求不再负担火灾保险费。约瑟夫横下心买下了全部股份，然后，他把投保手续费大大提高。他还清了纽约大火赔偿金，信誉倍增，尽管他增加了投保手续费，投保者还是纷至沓来。这次火灾，反而使约瑟夫净赚15万美元。就是这些钱，奠定了摩根家族的基业。摩根的父亲吉诺斯·S.摩根则以开菜店起家，后来他与银行家皮鲍狄合伙，专门经营债券和股票生意。

生活在传统的商人家族，经受着特殊的家庭氛围与商业熏陶，摩根年轻时便敢想敢做，颇有商业冒险和投机精神。1857年，摩根从德哥廷根大学毕业，进入邓肯商行工作。一次，他去古巴哈瓦那为商行采购鱼虾等海鲜归来，途经新奥尔良码头时，他下船在码头一带兜风，突然有一位陌生人从后面拍了拍他的肩膀，说："先生，想买咖啡吗？我可以出半价。"

"半价？什么咖啡？"摩根疑惑地盯着陌生人。

陌生人马上自我介绍说："我是一艘巴西货船船长，为一位美国商人运来一船咖啡，可是货到了，那位美国商人却已破产了。这船咖啡只好在此抛锚……先生！您如果买下，等于帮我一个大忙，我情愿半价出售。但有一条，必须现金交易。先生，我是看您像个生意人，才找您谈的。"

摩根跟着巴西船长一道看了看咖啡，成色还不错。一想到价钱如此便宜，摩根便毫不犹豫地决定以邓肯商行的名义买下这船咖啡。然后，他兴致勃勃地给邓肯发出电报，可邓肯的回电是："不准擅用公司名义！立即撤销交易！"

摩根对此非常生气,不过他又觉得自己太冒险了,邓肯商行毕竟不是他摩根家的。自此摩根便产生了一种强烈的愿望,那就是开自己的公司,做自己想做的生意。

摩根无奈之下,只好求助于在伦敦的父亲。吉诺斯回电同意他用自己伦敦公司的户头偿还挪用邓肯商行的欠款。摩根大为振奋,索性放手大干一番,在巴西船长的引荐之下,他又买下了其他船上的咖啡。

摩根初出茅庐,做下如此一桩大买卖,不能说不是冒险。但上帝偏偏对他情有独钟,就在他买下这批咖啡不久,巴西便出现了严寒天气,一下子使咖啡大为减产。这样,咖啡价格暴涨,摩根便顺风迎时地大赚了一笔。

从咖啡交易中,吉诺斯认识到自己的儿子是个人才,便出了大部分资金为儿子办起摩根商行,供他施展经商的才能。摩根商行设在华尔街纽约证券交易所对面的一幢建筑物里,这个位置对摩根后来叱咤华尔街乃至左右世界经济风云起了不小的作用。

这时已经是1862年,美国的南北战争正打得不可开交。林肯总统颁布了"第一号命令",实行全军总动员,并下令陆海军对南方展开全面进攻。

一天,克查姆——一位华尔街投资经纪人的儿子——摩根新结识的朋友,来与摩根闲聊。

"我父亲最近在华盛顿打听到,北军伤亡十分惨重!"克查姆神秘地告诉他的新朋友,"如果有人大量买进黄金,汇到伦敦去,肯定能大赚一笔。"

第二章
上天不需要你成功，它只需要你尝试

对经商极其敏感的摩根立时心动，提出与克查姆合伙做这笔生意。克查姆自然跃跃欲试，他把自己的计划告诉摩根："我们先同皮鲍狄先生打个招呼，通过他的公司和你的商行共同付款的方式，购买四五百万美元的黄金——当然要秘密进行；然后，将买到的黄金一半汇到伦敦，交给皮鲍狄，剩下一半我们留着。一旦汇款之事泄露出去，而政府军又战败时，黄金价格肯定会暴涨；到那时，我们就堂而皇之地抛售手中的黄金，肯定会大赚一笔！"

摩根迅速地盘算了这笔生意的风险程度，爽快地答应了克查姆。一切按计划行事，正如他们所料，秘密收购黄金的事因汇兑大宗款项走漏了风声，社会上流传着大亨皮鲍狄购置大笔黄金的消息，"黄金非涨价不可"的舆论四处传播。于是，很快形成了争购黄金的风潮。由于这么一抢购，金价飞涨，摩根一瞅火候已到，迅速抛售了手中所有的黄金，趁混乱之机又狠赚了一笔。

此后的一百多年间，摩根家族的后代都秉承了先祖的遗传，不断地冒险，不断地投机，不断地积累财富，终于打造了一个实力强大的摩根"帝国"。

机遇常常有，但往往掺杂在风险中，若想猎获它，就要看你有没有勇气去冒这个险。想成大事的人要记住：即使你下的赌注输了，你也不用灰心丧气，因为失败是每个人都必须经历的事情，经历了失败你也就离成功不远了。

不冒险则无大成，冒险可获大机遇。冒险能激发创新、拼搏精神，大大鼓舞自信。而且，冒险有时候可以给你打开意想不到的成功之门。

卜保罗·格蒂是石油界的亿万富翁,一位最走运的人,早期他走的是一条曲折的路。他上学的时候认为自己应该当一位作家,后来又决定要从事外交部门的工作。可是,出了校门之后,他发现自己被俄克拉荷马州迅猛发展的石油业所吸引,那时他的父亲也是在这方面发财致富的。搞石油业偏离了他的主攻方向,但是他觉得,他不得不把自己的外交生涯延缓一年。作为一名盲目开发油井的人,他想试试自己的手气。

格蒂通过在其他开井人的钻塔周围工作筹集了钱,有时也偶然从父亲那里借些钱(他的父亲严守禁止溺爱儿子的原则,他可以借给儿子钱,但是送给他的则只是价值不大的非现金礼物)。年轻的格蒂是有勇气的,但不是鲁莽的。如果一次失败就足以造成难以弥补的经济损失的话,这种冒险的事他从来不做。他头几次冒险都彻底失败了,但是在1961年,他碰上了第一口高产油井。这个油井为他打下了幸运的基础,那时他才23岁。

是走运吗?当然。然而格蒂的走运是应得的,他做的每一件事都没有错。那么格蒂怎么会知道这口井会产油呢?他确实不知道,尽管他已经收集了他所能得到的所有事实。"总是存在着一种机会的成分的,"他说,"你必须乐意接受这种成分。如果你一定要求有肯定的答案,那你就会捆住自己的手脚。"

走运的人一般都是大胆的。除了个别的例外情况,最胆小怕事的人往往是最不走运的。机会往往与风险并存,一个做事有冒险精神的人,才能成大事。

敢于挑战,才能成就不凡

挑战是每个公司所必须面对的,在全球经济一体化的今天,挑战不仅来自国内,也来自国外。国际市场上的风吹草动带给公司的都有可能是生死攸关的剧变。是回避挑战减少风险,还是直面挑战从中取利?不同的商人有不同的选择。

韩国著名的企业家金宇中被公认为韩国企业界的"出口大王"。他所领导的大宇集团是享誉世界的知名公司,大宇生产的各种产品也随着大宇集团的名声远播而遍布世界各地。

20世纪70年代以来,美国与亚洲新兴的工业化国家之间的贸易摩擦越来越剧烈,美国从维护本国的利益出发,逐渐倾向于贸易保护主义政策。

当时金宇中开拓美国纺织品市场的努力刚刚有了起色。他先与生产缫丝的日本三菱会社签订了独家销售合约,把三菱会社生产的丝料运回韩国加工成布料,并委托釜山制衣厂把布料做成衬衣,然后全部运往美国销售。由于这种极细的缫丝箔制成的衬衣质地柔和,

触感很好,因此这种衬衣在美国一上市便大受欢迎,很快风行全美。3年之内,大宇集团仅此一项业务就获利润1800万美元。

1974年,韩国企业界盛传美国即将对纺织品的进口实行配额限制。在此种形势下,绝大多数纺织品出口商都开始压缩纺织品输美规模,转而将焦点放在开拓新的国际市场上。然而,金宇中并没有像其他纺织品出口商那样亦步亦趋地压缩输美规模,相反,他采取了一个果敢的行动,实行公司总动员,充分利用年底余下不多的时间,全力扩大公司纺织品的输出数量。

此举获得成功。1974年,大宇集团纺织品输美的规模一跃而居于韩国、日本、中国台湾、中国香港等东亚国家及地区的公司榜首。金宇中也因此被誉为美国配额制度造就的唯一胜利者。

金宇中的超人胆识,来自他超人的眼力,他很清楚地知道,美国对外国公司进出口配额制度的制定,必须参考前一年的输美业绩,如果前一年的进口数量大,那么后一年给的配额数量就多,所以在其他出口商纷纷压缩出口规模的情况下,大宇集团生产的纺织品却能在美国市场上独领风骚。

"好风凭借力",金宇中趁着大宇集团生产的衬衣风行美国的有利时机,说服了在美国拥有900家连锁店的施伯公司接受大宇集团的试销计划,把公司生产的全部产品纳入了施伯公司的销售网,从而成功开创了韩国出口公司直接与美国大公司开展业务的先例,打破了长期以来韩国出口商必须通过日本大商社的中介,并由美国B级以下进口商销售的惯例。

从此以后,大宇集团的事业蓬勃发展。1981年,大宇集团的外

第二章
上天不需要你成功，它只需要你尝试

汇贸易额超过15亿美元。这在韩国企业界是独一无二的。

美方限制进口配额，对于每一个出口至美的销售商都是一次挑战，面对众多同行纷纷压缩出口的现实，大宇公司独具慧眼，及时改变出口政策，扩大出口规模，从而赢得了成功。

直面挑战就意味着冒险。在现代社会中，机遇与挑战同时存在，风险与利润不可分离。探索、实验、冒险和挑战都隐含着风险，但它们正是人类发展臻于成功境界的首要推动力。勇与胆，对于愚者来说，是鲁莽的代称；对于智者来讲，却可开出智慧的花朵。只有具备冷静的头脑、敏锐的目光，分析出挑战带来的利与弊，分清自己有利与不利的因素，才能从挑战中把握机遇，获得成功。

作为组织的团队领导人，没有一点冒险意识很难打开局面，也难以开创发展空间。特别是在组织陷入发展困境时，唯有面对危险、迎向挑战，才能化险为夷。

许多人都明白，成功与失败往往只在一线之间，全看你是否有决心奋斗到底。风险和利益的大小是成正比的，要得到最大的收益，就要担最大的风险。但是，大多数公司都不喜欢冒险，而一心要降低风险，"降低风险"已经变成现代管理命令语句。实际上，他们往往惧怕冒险的成本，担心企业难以承担冒险的损失。但这不能成为管理者拒绝冒险的借口，因为在激烈竞争的环境里，不进则退，想要扩大利润必须敢于冒险，在许多情况下"降低风险"无异于慢性自杀。

在非洲的塞伦盖蒂大草原，每年夏天，都会有上百万只角马从干旱的塞伦盖蒂，北上迁徙到马赛马拉的湿地。

迁徙中格鲁美地河是唯一的水源，同时也阻挡了角马的去路。这条河与迁徙路线相交，对角马来说，既是生命的希望，又是死亡的象征。因为角马必须过河，才能吃到对岸丰美的青草，但是河水中也潜伏着危险。

面对生存与死亡，只有那些勇敢过河的角马，才有生的希望。部分角马，或是害怕，或是无法挤出重围，只得继续忍受着饥饿，有的宁可站在悬崖上，痛苦地鸣叫着，却不肯向着目标前进。

在我们生活中，是否也有人像角马一样？是什么让你藏在人群之中，忍受着成功的渴望？是对未知的恐惧，害怕潜藏的危险，还是你安于庸俗的生活而放弃了追求？

生活中，大多数人只肯远远地看着别人成功，自己却忍受失败的煎熬。不要让恐惧阻挡你的前进，不要等待别人推动你前进，你必须行动。只有勇于挑战的人，才可能成功！

挑战就意味着风险，在生活中尽管会有很多人因为风险而一蹶不振，但是风险和收益往往成正比。风险越大，竞争越小，收益就越大，成功的概率也就越大。许多成功的商人甚至把冒险当作致富的必要条件，认为冒险就是抓住机遇。人生的成功，常常属于那些敢于适度冒险、抓住时机的人。

商业活动本身充满了风险，从某种意义上说就是一种赌博行为。只不过，这种赌博是建立在多种信息分析和研究基础上的。在开发新产品、制定发展战略的时候，循规蹈矩往往制约了企业发展壮大，因此经理人要善于冒险、敢于冒险，把企业带入新的发展境界。

商业发展历史上，福特开发T型车、比尔·盖茨开发Windows

第二章
上天不需要你成功,它只需要你尝试

操作系统都是在风险中完成的。当时,他们的确把握了时代脉搏,但是这更多是后人的褒奖,他们在那一刻做出豪赌的决定是需要很大勇气的。所谓"成者王侯败者寇",只有成功才能证明冒险的巨大价值。

对于一个有志于有所成就、实现组织发展目标的经理人来说,一定要记住:敢于冒险和善于冒险是精明商人的特点和本色。有人甚至说,"商人"这个词被赋予了赌徒的色彩。然而,你如果想孤注一掷,就在冒险之前问问自己:"我输得起吗?"如果你的回答是肯定的,你完全可以放手一试。否则冒险就会成为鲁莽的行为,那将失去你所有的东西,包括东山再起的资本和信心。

对于那些害怕危险的人来说,危险无处不在。

有一天,龙虾与寄居蟹在深海中相遇。寄居蟹看见龙虾正把自己的硬壳脱掉,只露出白嫩的身躯。寄居蟹非常紧张地说:"龙虾,你怎能把唯一保护自己身躯的硬壳也放弃了呢?难道你不怕有大鱼一口把你吃掉吗?以你现在的情况来看,连急流也会把你冲到岩石上去,到时你不死才怪呢!"

龙虾气定神闲地回答:"谢谢你的关心。但是你不了解,我们龙虾每次成长,都必须先脱掉旧壳,才能生长出更坚固的外壳,现在面对的危险,只是为了将来发展得更好而做准备。"

如果想要跨越自己目前的成就,请不要划地自限。只有勇于接受挑战充实自我,你才一定会发展得比想象中的更好。不然,你将永远生活在别人的阴影中,永远无法独立,也很难得到成功。让生活多一点挑战,你的生活才会充满精彩。

第三章

眼界有多宽广,未来就有多辽阔

"江海不与坎井争其清,雷霆不与乌雀争其声。"这就是说,眼界的大小决定了一个人成就的高低。江海之所以浩瀚无际,雷霆之所以引动暴雨,都在于它们知其当为,眼界开阔。没有长远的目光,再有本事的人也会变得平庸而无所作为,所以,想有所作为,一定要开阔自己的眼界。

唯有站得高，才能看得远

站得高有两个好处，一个是看得远，一个是看得清。看得远就能高瞻远瞩，不会满足于现有的能力，而会自觉追求更高的目标；看得清楚就会有自知之明，不断取人之长补己之短，永远谦虚好学，自强不息。说白了，就是站在高处更容易俯瞰大局，掌握局势，唯有如此才能顺势而为，才能更好地取得成功。由此看来，站得高是前提，看得远是方式，最后的顺势而为才是目的。

陈东拥有一家三星级的宾馆，经朋友介绍，他认识了一位名气很大的导演，导演准备在他的宾馆开一个新闻发布会，陈东爽快地同意了。可在租金上不能与对方达成协议，陈东要价4万元，导演只答应给2万元，双方争执不下。

那位从中介绍的朋友劝陈东说："他们都是名人，平时请都请不来呢！你怎么这么傻，你只看到了2万元，2万元背后的钱可不止这个数。"

陈东想，4万元的要价不算太贵，只要坚持一下，对方肯定会

第三章
眼界有多宽广，未来就有多辽阔

接受的。所以他决不松口，还对朋友说："你看你介绍的人，这么苛刻。"

朋友生气地说："我没有你这个目光如此短浅的朋友。"说完便抛开陈东，自己走了。

然而，消息传到了附近一家四星级宾馆的总经理耳朵里，这位总经理感到机不可失，马上找到那位导演，说他愿意把宾馆以1.5万元的租金租给导演。

于是，导演便租了那家四星级宾馆。开新闻发布会那几天，除了许多记者、演员外，还有不少慕名而来的影迷，十几层的大楼无一空室，而且因为明星的光临，那家四星级宾馆名声大振。

由上述可见，目光短浅是难以谋成大事的，而且即使到了手边的机遇也会被白白地扔掉。眼光高远的人绝非如此，他们能长远地考虑一切，并懂得有时帮助别人就是强大自己和帮助自己的道理。这些心境与眼光诚然是谋大事者所必须具备的。

"不畏浮云遮望眼，只缘身在最高层。"这句古诗出自北宋政治家王安石之笔。同样，我们在生活和工作中看待任何问题，也只有站得高，才能不怕浮云遮眼，看得清晰透彻。

在生活中，人们会因为对生活所持的眼光不同而拥有不同的生活感受，很多人经常会发出这样的感慨：日子过得没有激情，不过是日复一日、年复一年地打发光阴，除了一天老似一天，一天一天消沉外，别的什么也看不到，生活只是做一天和尚撞一天钟而已。其实造成这种心态的原因，就是他们没有看到生活的阳光处，缺少创造生活的动力。

洛克菲勒家族就曾以前瞻的眼光种下过一颗谋略的种子。那是第二次世界大战结束不久,战胜国决定成立一个处理世界事务的联合国。

可在什么地方建立这个总部,一时间颇费思量。地点理应选在一座繁华城市,但在任何一座繁华都市,购买可以建立联合国总部的庞大土地都需要很大一笔资金,而刚刚起步的联合国总部,每分钱都肩负着重任。

就在各国首脑为此为难的时候,洛克菲勒家族听说了这件事,立刻出资870万美元在纽约买下一块地皮,在人们的惊诧中无条件地捐赠给联合国。

联合国大楼建起来后,四周的地价立刻飙升起来,洛克菲勒家族在买下捐赠给联合国的那块地皮时,也买下了与这块地皮毗邻的全部地皮。没有人能够计算出,洛克菲勒家族凭借毗邻联合国总部的地皮获得了多少个870万美元。

洛克菲勒家族丰收了,就因为他们种下了一颗谋略的种子。眼界宽才能看得远,这是一种睿智,也是一种胆识,更是一种超前的眼界。而鼠目寸光、死板教条,只会丧失机遇,是无法图谋大事的。

生活总是给有梦想的人提供努力的机会和进步的空间,拥有远大目标、坚持不懈、永不停息的人,才能成为最后的成功者。

站得高,树立远大的人生目标,反映了人们对美好未来的向往和追求。远大的人生奋斗目标是人的力量源泉和精神支柱,一个人如果没有树立远大的目标,就会失去精神动力,当然也就不可能成为高素质的优秀人才。

第三章
眼界有多宽广，未来就有多辽阔

远大的目标能吸引人为实现它而努力奋斗。每当你懈怠、懒惰的时候，它犹如清晨的闹钟，将你从睡梦中唤醒；每当你感到疲惫、步履沉重的时候，它就像沙漠中的绿洲，让你看到希望；每当你遇到挫折、心情沮丧的时候，它又如破晓的朝阳，驱散你内心的阴霾。在人生目标的驱策下，人们能不断地激励自己，获得精神上的力量，焕发出超强的斗志。即使我们最终不能实现目标，即使困难没有被完全克服，但我们也能收获信心和经验，当再次面对困难时，我们不仅有勇气和信心，也有能力和方法去面对和解决。

总之，只有站得高，才能望得远。能实现自己远大目标的人，既是一个成功者，也是一个幸福者。

若想出人头地,就得有远见

若想出人头地,就得有远见,就要放弃短识,把目光放在远方。远见跟一个人的职业无关,他可以是个货车司机、银行家、大学校长、职员、农民……世界上最穷的人并非身无分文者,而是没有远见的人。没有远见的人只看到眼前的、摸得着的、手边的东西。只有把目光放在远处,才能有大志向、大决心和大行动。

长远的筹划对于每个人都很重要,而有备无患是最高明的远见。凡是事先遇到警示的,就不会遭厄运打击;凡是事前做准备的,就不会陷入窘境。不要等到面临困难之际才运用理智,而要运用理智来预测尚未降临的困难,当困难来临时则需再次深思熟虑。有些人行而后思,这样做是寻求失败的借口,而非有远见的行为。还有些人事前事后都不思考,他们得过且过,不求进取。可人的一生就在于不断思索要达到的目标,事前有长远的筹划,事中才会应对自如,事情才能做得漂亮。

隋朝末年,天下动荡不安,各路豪杰群起,纷纷谋夺天下。王

第三章
眼界有多宽广，未来就有多辽阔

世充是隋朝的地方官吏，他在此动荡时代，没有马上跳出来竖起义旗，而是暗暗地做一些基础工作，为以后成大事做图谋。江淮间的人素来剽悍轻狂，动不动就滋生事端，打架斗殴乃至杀人是常有的事，再加上社会秩序不稳定，土匪小偷多如牛毛，一时间，官府里捉拿的犯人多得监狱都快关不下了，三天两头闹事。王世充看到了这一点，心想：这些人都是要钱不要命的好汉，太平时节固然留不得，如今兵荒马乱之时正好派上用场，将来举事时不都是以一敌十的好士兵吗？主意打定，他就利用手中的职权，对这些囚犯逐一"审问"，然后大事化小、小事化了，将他们一一放出监狱。这批囚犯本以为自己犯的事绝对逃不了，不杀头就算不错，没想到碰上这么一位好官，居然轻易地就获得了自由。于是个个感激涕零，当场指天发誓说，以后王大人如有召唤，我们乐意效犬马之劳。

后来起义军声势愈来愈壮大，隋朝官员们再也坐不住了，不想把自己绑在这艘将沉的船上等死，纷纷造反。大将杨玄感就是其中一位。由于杨玄感威望高，他的造反影响很大，使得吴人朱燮、晋陵人管崇在江南地方起兵响应他。这两人号称将军，拥有人马10余万，声势浩大。隋炀帝很畏惧他们的势力，派遣大将吐万绪、鱼俱罗率大军征伐叛军，但再三攻打都没有取胜。王世充认为他的机会到了，他想先打着王军的旗号发展势力，正当合法地招募人马，又能得到中央的财力物力支持，比率先打出义旗的人占优势得多。现在召集一支队伍去攻打朱、管，凭着才干和实力，一定能够取胜。这样，在隋军中他就能崭露头角，成为一支劲旅。到最后他大权在握，决定去留就在他一句话，那不是进退自如了吗！

随后,王世充当机立断招募兵马,江淮间子弟以前受过他恩惠的,纷纷赶来效力,很快就聚集了1万多强悍的士兵。他率这支队伍去征讨朱、管,连连得胜。每次打了胜仗,王世充都大肆褒扬部下将士,许多人都立功受奖。每次缴获的财物,都按人头分发下去,王世充本人丝毫不取。他的部下对他的无私、公正钦佩得五体投地,纷纷说:"不替这样的人卖命,替谁卖命?"王世充的部队像滚雪球一般壮大起来,隋军中,就数这支队伍功勋最为显著,不久便成为最强劲的军队。

王世充之所以能壮大部队,在于他懂得做人做事要看得长远,不能为眼前的小利所累,从而失去更大的利益和效益的道理。不要做目光短浅的人,因为这样的人难以和志向高远的人相比,浅陋无知的人也不能和具有经世之才的人相提并论,因为二者的差别实在太大了。

红顶商人胡雪岩说过:"如果拥有一个县的眼光,那么就可以做一个县的生意;如果你有一个省的眼光,那么你就可以做一个省的生意;如果你拥有天下的眼光,那么你就可以做全球的生意。"这段话体现的就是一个人要目光长远,做人做事要有远见卓识。

做大事不是一件轻松的事,而是一次非常有挑战性的抉择,需要你放弃一些蝇头小利,把目光放在远方,再迈动你的双脚。然而,长远目标变成现实不是一蹴而就的事,而是一个过程,跟一次旅行十分相似。你决定去旅行之后,首先要做的事情就是决定出发点,没有这个出发点,你就不可能规划旅行路线和目的地。

从前,有两个饥饿的人得到了一位长者的恩赐:一根鱼竿和一

第三章
眼界有多宽广，未来就有多辽阔

篓鲜活硕大的鱼。其中，一个人要了一篓鱼，另一个人要了一根鱼竿，于是他们分道扬镳了。得到鱼的人原地就用干柴搭起篝火煮起了鱼，他狼吞虎咽，还没有品出鲜鱼的肉香，转瞬间，连鱼带汤就被他吃了个精光，终于解决了眼前的饥饿。可是没过几天，他便饿死在空空的鱼篓旁。另一个人则提着鱼竿继续忍饥挨饿，一步步地向海边走去，从此开始了捕鱼为生的日子。几年后，他盖起了房子，有了自己的家庭、子女，有了自己建造的渔船，过上了幸福安康的生活。

一个人只顾眼前利益，得到的终将是短暂的欢愉；一个人只有目标长远，才可能成为一个成功之人。有时候，一个简单的道理，却足以给人意味深长的生命启示。

在通往出色人生的路途上，不可能一帆风顺，难免会遇到各种各样的阻碍。倘若你没有长远的目标，可能会被短暂的种种挫折所击倒，过分夸大成功道路上的艰难险阻，以为所谓的目标只是遥远的"乌托邦"。有长远目标的人，既不会为眼前的小小成功所陶醉，也不会被暂时的挫折所吓倒。他们明白，在实现目标的过程中，肯定有艰难险阻，假如轻而易举就能排除，只能说自己的目标定得太低。如果所有的困难一开始就排除得一干二净，事情就会变得唾手可得，从而失去挑战性。只有设立长远目标，并为之奋斗，一个一个、脚踏实地地清除前进道路上的所有障碍，当你到达目的地时，才能体验到成功的快乐。

成大事者，必有开阔胸襟

　　一个人可能被其出生地所局限，目光越不过屋前的山脊；同样，一个人也可能以出生地为出发点，翻山越岭，让自己的目光与更广阔的地带接轨。心有多大，舞台就有多大，只要心存希望，不论是在农村还是在城市，都会创造一个属于自己的舞台，在属于自己的领地上谱写人生篇章。

　　胸襟决定一个人的眼界，眼界决定一个人的发展空间，一个农民的眼界可以是几亩田地，一个农民企业家的眼界则可能是千亩田地。而当这个企业家的眼界不只是狭隘的田地时，他的空间便是"天高任我飞"了。

　　人生不如意事十有八九，万事如意只是人们的一种愿望，在遇到不如意时，人们最需要的是宽广的胸怀。

　　早在隋朝的时候，有个名叫赵绰的官员，在隋文帝当朝时担任大理寺少卿（宫廷法官）。

　　赵绰手下有位奸臣名叫来旷，有一次，他到皇上那里诬告赵绰

第三章
眼界有多宽广,未来就有多辽阔

贪赃枉法。隋文帝根据他的诬告派人进行调查,发现所告都是些诬蔑不实之词,十分生气。为了整治诬告的坏风气,隋文帝决定杀一儆百,于是就下令把来旷斩首。

来旷得知皇上的决定,吓得魂不附体,躲在家里不敢出门,只在家里等死。

赵绰得知此事后,却主动出面,找皇上为来旷求情,他要救来旷一命,他想把"死对头"变成朋友。

隋文帝听了赵绰的恳求并不高兴,很不愉快地说:"他诬陷了你,你反而来救他,这样一来,倒显得你很宽宏大量,我这个皇帝却不能容人了。"

赵绰并不退缩,连忙叩头说:"陛下不以为我愚钝无知,命令我执掌国家的刑法。所以我只知道按法律办事,而不知道还有什么其他的准则。按照法律,来旷的罪不该判死刑,这样依法办事,不正可以体现陛下的仁爱宽厚之心吗?"

可是,隋文帝心中的气并没有消除,他拂袖离开了朝廷,并传下话来,不许赵绰再提来旷的事情,如有其他的事情可以请求面谈。赵绰见此,只好向通报的人说:"臣不再提来旷的事情,但有几句其他的话要面奏皇上。"经隋文帝批准,赵绰再次来到朝廷,面见皇上。

赵绰见到皇上,叩头说:"臣有三大死罪,现在向皇上请罪。"

隋文帝有些奇怪,不知他又要说什么,就让他仔细讲来。

赵绰说:"我作为大理寺少卿,不能教育好自己的部下来旷,使他触犯了陛下的刑法,这是第一大死罪;来旷的罪不该死,而我却

不能据理力争，使他免于一死，这是我的第二条死罪；我根本没有什么其他的事情要说，却说假话请求见皇上，这是我的第三条死罪。所以要向皇上请罪。"

这时候，隋文帝的气已经消了一些，脸色也温和下来，就叫赵绰起身，对他说："难为你这样忠贞，我会考虑你的请求。"不久，隋文帝下令免除了来旷的死刑。赵绰因此名声大振。

我们每个人的身边，都有形形色色的人，不要幻想着全世界的人都很喜欢你，就算你再优秀、人际关系再好，总会有那么一两个人会对你有敌意，因为每个人看待问题的角度都不一样。要学会换位思考，在平时可能认为不太好的人，他不是没有优点，只是你没有那么用心去发现、去观察，也没有用心去体会。

敌人看似仇人，其实也可以为友。也许很多人会问，为什么要和敌人做朋友？其实好处有很多，比如，可以让自己的心胸宽广，可容别人不能容之事，想别人所不能想之事。每个人都不可能没有敌人，在朋友那里你可以看到你自己的优点，甚至可以放大自己的优点，导致很多时候不能正确地看待自己，因为朋友所给予你的是包容，是理解；而在敌人那里往往可以看见自己的缺点，找到自己的弱点，如果努力改正，挑战自己，他日一定可以成为一个优秀的人。

出生在20世纪60年代的人，多少都对贫困有印象。虽然不至于食不果腹、衣不蔽体，然而以土地为生的人，每天只能挣上几角钱或者几元钱，日子如果得以温饱已经是奢望了。而跟外公外婆生活在一起的李谢恩更是深有体会。

第三章
眼界有多宽广，未来就有多辽阔

随着外公外婆年龄的增大，做不动农活了，日子也就更难过了。此时他经常想，如何通过自己的力量来改变这种处境。靠种田吗？祖祖辈辈种田已说明"土里没有长出金子"，尤其是高考以2分之差与大学失之交臂后，他更是陷入对这个问题的深深思考中。

那时候的农忙双抢季节，他家人手少劳力不济，总是靠周围邻居帮着才能做完农活。这个情景一方面让他对村民之间的互帮互助的质朴感情心怀感激与留恋；另一方面，也进一步促使他下决心在土地上做出新文章，帮助农民们脱贫致富。

他先是订阅报纸、杂志，边学习边尝试改变传统的种植模式，他尝试过走养殖道路，比如说养黄鳝、长毛兔等，但由于经验不足，都失败了。后来，他主动与住在同一个村的乡林业员沟通，得知乡林业站有育苗任务，每育一亩苗，可挣1000元，于是他开始了育苗的历程。

由于他思维活跃，善于与人交往，村里任命他当村团支书兼文书。在此过程中，他开始把自己发展经济的大胆设想有意识地渗透给村领导。当时农村建房普遍需要砖瓦，他敏锐地预知办窑厂很有前途，提出以林场为抵押到信用社贷款的想法，得到村委会支持。一年多后窑厂办起来了，这是他人生路上第一次办企业，也是他个人思路第一次付诸行动并且获得认可。因为他有想法有思路，被当时的罗溪乡长看中，提拔他到乡农工商工贸公司任经理。

在任公司经理的过程中，他了解到乡林业站一位林业员因为嫌工资低，有辞职的想法，于是对林业经济有浓厚兴趣的他，抓住了这一得之不易的机会，顺利过渡为乡林业员。

然而，正当李谢恩荣任林业站站长的时候，他却做出了一个令人惊讶的决定——辞职回乡开发荒山。他要用自己掌握的林业科技知识和实践经验建设一个示范园，在这里领着农民干，做给农民看，引领农民走向致富之路。

他承包了罗溪的35亩苗圃从事苗木花卉生产，可过了一年，大面积的苗木没卖出去。很多人不理解，而倔强的他，认准了的事情任何人也改变不了。之后，他采取"公司＋农户"的模式，逐步兼并罗溪、双龙及河沥三家苗圃，组建成宁国市苗圃，扩大林木种苗基地，开发建设，获得巨大成功。

1998年，李谢恩将目光投向罗溪村和潘村荒废了50多年的600亩三角洲荒滩。他提出租用这片荒地搞综合开发，并拿出收益的15%分给老百姓的设想。一年之后，这个原本生长着一人多高杂草的荒滩，变成了四季如春、馨香四溢的银杏经济林生产基地。

2000年，富有敏锐思想和战略眼光的李谢恩，又把目光延伸到一个全新的领域——生态旅游，投资1700万元，高起点、高标准地建设恩龙度假山庄，兴建了古朴典雅的24幢木屋别墅及一座三星级宾馆。

把你的脚下想象成舞台，积极、用心、无悔地体味每一项你感兴趣的事，它们留下的就绝不仅仅是模糊的记忆和青春易逝的怅惘，更有一笔受用终生的宝贵精神财富。心有多大，舞台就有多大。李谢恩的故事正是有力的说明。

心胸宽广能让个人的生存空间与发展空间更为博大，因为胸襟决定人的思考模式，胸怀宽阔的人，思考的境界也就越高，通常成就的事业也越大。所以世界首富比尔·盖茨中肯地说:"一个能够开创一番事业的人,一定是个胸襟宽大的人。成大事者,必有开阔的胸襟。"

做个胸怀大志的人

胸怀大志是取得成功的动力。如果胸无大志、得过且过、安于现状、当一天和尚撞一天钟，长期如此，一生难免要碌碌无为。相反，心里装着对美好未来的憧憬，心中总是想象着自己将来要成大事、出大名，并且一直坚持不懈努力追求的人，往往总能功成名就。

从青年时代开始，北宋的范仲淹就立志做一个有益于天下的人。他少年时家境贫寒，常常只能吃到稀粥和咸菜。但他发奋自学，志向远大。每当议论到天下大事，他总是慷慨激昂、热血沸腾。他办事负责，刚直不阿，在朝廷为官后，他曾多次上书批评当时的宰相，因而三次被贬。

虽然如此，但他毫不在意，依然不断直谏。3年后复职，又担任对付西夏的军事重任。路过京师时，宋仁宗劝他同吕夷简破除前嫌。范仲淹郑重地说："我从前议论的是国家大事，同吕夷简并无芥蒂。"

后来，范仲淹和吕夷简两人的关系果然和好如初。

第三章
眼界有多宽广，未来就有多辽阔

1038年冬，西夏统治者元昊自称皇帝，向宋朝的领土发动进攻。西夏是西北羌族建立的政权，统治者历来为宋朝廷封以官职。元昊称帝时，朝廷决定免去他的官职，派范仲淹以龙图阁直学士的身份会同韩倚主持对西夏的防务。

范仲淹到陕西后不久，就前往同西夏对峙的前沿地带。那里不久前曾遭受过西夏的进攻，人心不安定，随时准备逃亡。朝廷派去的官员，都寻找各种各样的借口避免前去。范仲淹却决定亲自留下来，负责延州一带的防务。

对于西夏的侵扰，北宋朝廷多数官员主张发兵征讨。范仲淹根据当时陕西战备不足、风沙之区难于作战、难于取胜的情势，一反众议，主张采取"招抚"政策，以防御为主，尽量使他们安居乐业。对少数民族首领率众归附的，范仲淹总是以诚相待。由此团结了边境羌族等各少数民族，羌人尊称他为"龙图老子"，西夏人也说他"胸中自有数万甲兵"，西夏军队也不敢轻易发动进攻了。

西北局势虽然稳定了，但宋朝内部矛盾继续加重，官僚机构庞大、臃肿，军队不断增加，财政发生危机，人民的反抗越来越激烈。而以宰相吕夷简为首的守旧派腐败无能，束手无策。1043年，仁宗任用范仲淹为参知政事。他联合富弼、欧阳修等提出择长官、均公田、修武备、减徭役、兴水利等10条建议，其中大部分主张为仁宗所采纳，以诏书形式颁发全国施行。这就是著名的"庆历新政"。

"新政"着重于改进吏治，限制大官僚的特权，但遭到大官僚和守旧官吏的反对，以致"新政"仅施行一年，就因守旧派的围攻和仁宗的动摇而失败，最终范仲淹被罢职。

被贬离开朝廷后,范仲淹写下了流芳千古的名篇《岳阳楼记》。文中,他以千钧笔力,写下了平生几起几落而始终不渝的信念:"不以物喜,不以己悲。居庙堂之高,则忧其民;处江湖之远,则忧其君。""先天下之忧而忧,后天下之乐而乐。"这几句话,不仅概括了范仲淹一生坚持进取,以天下为己任的高尚情操,还道出了中华民族一切志士仁人不计个人得失,为国家民族献身的美德。这种美德在任何时代都是值得弘扬和推崇的。

范仲淹胸怀大志,并不断奋斗努力,最终实现了梦想。我们做人也应如此,胸有大志,激发自己奋斗的激情,促使自己不断进步。

英国有位作家在一次演讲中指出:美国的名人有一大半是诞生在小屋中的。如林肯、洛克菲勒、爱迪生等,这些名人都出生在贫穷的农村里,美国的总统也大多数来自农村。美国人自己也公认:这是个奇怪的现象,偌大一个纽约市竟然出不了几个大名人。

住在纽约的名人95%都是来自农村的,不仅纽约、伦敦、巴黎等大都市也是如此。农村人生活条件差,都渴望着过美好生活,想要成功的欲望非常强烈。

美国前国务卿赖斯,出生于亚拉巴马州的伯明翰,她是个黑人,但和黑人不同的是,赖斯从小就受到了良好的教育。赖斯的家人相信一条真理:黑人的孩子要胸怀大志,并努力拼搏,做得比白孩子优秀两倍,他们才能平等;如果黑人比白人优秀三倍,黑人便会超过白人。赖斯的父母告诉赖斯,在伯明翰以外有更多的机会,勤奋学习,力争上游,就会得到好的回报。赖斯的父亲对赖斯说:"因为肤色,你可能在餐馆里买不到一个汉堡包;但如果你胸怀大志,努

第三章
眼界有多宽广，未来就有多辽阔

力进取，你就能够当上美国总统，赢得人们的尊重。"

赖斯相信父母的话，她向着"比白人好三倍"的方向不断努力，学习十分出色，在小学就跳了两次级。她13岁时，便和家人一起搬到了丹佛，进入了圣玛丽学院学习。

有一次，赖斯和同学一起去参观白宫，被警察拒之门外。她十分伤心，回到家对父亲说："爸爸，因为我的肤色，我被拒之门外，但有一天我会进入到那座房子里去！"

进入白宫，是赖斯小时候的一大梦想，也是她的雄心壮志。

赖斯大学毕业后，26岁进入斯坦福大学任教，担任讲师。后来担任老布什安全事务助理的布伦特，在一次斯坦福大学的晚宴上认识了赖斯。闲聊时，赖斯谈到对苏联政局的看法，引起布伦特的注意。

1988年美国大选之后，老布什胜利当选为美国总统，布伦特成为老布什总统的国家安全事务助理，并开始着手为白宫国家安全委员会物色人才。布伦特想到了赖斯。在布伦特的推荐下，赖斯被任命为美国国家安全委员会苏联事务司司长，进入白宫工作，实现了小时候"将来一定要进入白宫"的梦想。不久，赖斯成了老布什的朋友。

老布什卸任后，赖斯又回到了斯坦福大学教书。1993年，30岁的赖斯被任命为教务长，地位仅次于校长。在斯坦福大学，赖斯是担任教务长职务的第一位非洲裔美国人，同时也是最年轻的女性。

在担任斯坦福大学教务长期间，赖斯就表现出了她的领导才能。在斯坦福大学面临2000万美元的赤字时，仅在第一年，赖斯就削减

了 600 万美元的开支。

1995 年,小布什刚刚当选为得克萨斯州的州长,老布什就安排赖斯同自己的儿子见面。在这次见面中,对体育的共同爱好让两个人很快成为好朋友。

2001 年,在小布什当选美国总统后,赖斯被任命为美国国家安全顾问。2005 年 1 月,赖斯正式担任美国国务卿一职,名扬世界。

赖斯成功的故事启示我们:人无志不立。人生在世,要想有所成就,定当有胸怀天下的雄心壮志。有了这雄心壮志,便有了勇往直前的动力,虽前途险阻,亦不畏惧,终可成一番大事。

第三章
眼界有多宽广，未来就有多辽阔

拒绝眼高手低，凡事看得深远些

有些人眼高手低，大部分时间都沉浸在自己宏伟的梦想中，却不懂得从低点起步，用实际行动来证明自己。长此以往，他们不能也不会做出什么成就，曾经的雄心壮志难免会变成他人茶余饭后的玩笑。除非他们幡然悔悟，奋起直追，否则，等待他们的往往是慢慢沉沦，同样的悲剧会再次上演。

面对未来，就是要你防患于未然，提前做好防备，早日建成自己的"诺亚方舟"；面对未来，会使你忘记正处于不幸，你的目光将使你看到未来的光明，你就会产生无穷的力量去战胜不幸，战胜一切阻碍你走向成功的障碍；面对未来，你心里就会升起无限的自豪，你会觉得自己是未来的主人，前途无量，你就有可能成为你想成为的人。

世界充满了起伏变化，它以不同的高差展现着各异的风景，又以大自然的平衡之手，着意营造了险峻处的美丽。这一哲理也结晶在一句唐诗里："欲穷千里目，更上一层楼。"这种高度，我们可以足不出户地从前人书里发现。俯身字阶行梯,神游八方四极,你能看到大洋彼岸有个叫瓦特的人,正从姥姥的烧水壶里揣摩着蒸汽机;还能看到此山脚下300年前,一群如花似玉的女子在大观园内,如何红楼一梦尽历一个王朝的荣辱兴衰。

这种高度,我们还可以从人世文明、社会昌盛、科学进步中觅得,这时候个人往往会超越攀缘的客体,也成为海拔的主体。"达则兼济天下,穷则独善其身",立身于人类功利的山峰,那是杜甫亘古千秋的境界:沐底层风雨,则有"自非旷士怀,登兹翻百忧"的沉郁;浴高处日月,又见"会当凌绝顶,一览众山小"的雄奇。

这种高度原来就坐落在我们的内心,耸立在幼年的志向里,绵延在壮年的走向中,许多先天低矮、其貌不扬的人,因这攀登而显出气韵高雅、卓尔不群的风度。

有一天,一个孩子追逐一只猫,想抓住它。这只猫仓皇奔跑,一头钻进厨房里。突然,"砰"的一声,它将一瓶蜂蜜打破了。蜂蜜洒了出来,甜味弥漫在院子里。有一群苍蝇被蜂蜜的甜味吸引,纷纷从窗外飞进来,停在蜂蜜的黏液上吸食。可它们没注意到双脚已被蜂蜜粘住了,依然享受着蜂蜜的甜味。没多久,它们飞不开也动不了,身体渐渐地凝在蜂蜜里。这群苍蝇越是想挣脱,越是被粘得牢,最后,用尽了力气也没有逃离。断气前,它们嘶吼着:"我们真是傻,为了一点甜头,竟然害了自己。"

这个小的哲理故事告诉我们,目光短浅的人经常在一些小事上断送自己的前途和命运。

爱因斯坦曾说:"我从来都不把安逸和快乐看作是生活目的的本

第三章
眼界有多宽广，未来就有多辽阔

身。"志向越高远，一个人的才华才会发展得更快，生活也才能更有质量。没有理想的庸庸碌碌之辈是为人所不齿的。所以，做事情要站得高看得远，"会当凌绝顶，一览众山小"。

丁磊出生在一个高级知识分子家庭，从小就喜欢无线电，高考时，他填报了成都电子科技大学。大学毕业后，丁磊回到家乡，在宁波市电信局工作。电信局旱涝保收，待遇很不错，但丁磊觉得这份工作非常地辛苦，同时也感到一种难尽其才的苦恼。

1995年，丁磊决定从电信局辞职，此举遭到了家人的强烈反对。但他去意已定，一心想出去闯一闯，他决定要出去见见世面，看看外面的世界。他先后在Sebyse广州分公司和一家ISP的公司做技术。两年的磨炼后，他于1997年5月创办了自己的网易公司，并逐步发展成为中国最著名的门户网站之一。2003年，32岁的丁磊便成为第一个靠互联网做成富豪的国内创业者，成为当年的首富。丁磊的成功，与他出去闯荡，比别人多见了世面有关，假如他没有离开宁波电信局，也许今天的丁磊还是一个电信局的普通员工。

说起来真的很简单，别人比你聪明，往往只是因为他见的世面比你多。要想变得聪明，就要多去阅历、多见世面。

历史上在一些特定的年代里，一个人要想站得高看得远，还必须要有特定的勇气。为此，布鲁诺被活活烧死在火刑柱上，刘和珍被打死在集会的人群中，张志新被割断了喉管……但是，直到最后的一刻，他们仍然高举着自己理想的旗帜。在当今时代，高瞻远瞩自是不用付出这样血的代价了，因为在知识经济时代，衡量一个人有没有未来意识，直接决定了他对事业的估量，事实已经千百遍地

证明了这个朴素的道理。

　　站得高不容易，但是如何站得稳就更不容易了，需要有强于别人的长远目光。站在高处必须望得更远，才能有发展，否则就是停滞不前甚至后退，这种前进的动因首先就是要目光远大。所以，今天的我们无论是奔走职场、行走商场还是为仕途而奔波，都要开拓自己的思想，让自己看得更深远一些，这样才能让自己立于不败之地。

想要钓大鱼，就要放长线

我们都有这样的体会：当你确定只走 1 公里路的目标，在完成 0.8 公里时，便会有可能感觉到累而松懈下来，因为想着反正快达到目标了，就无所谓快慢了。但如果你的目标是要走 10 公里路程，那么在出发之前，你就会做好思想准备和其他准备，调动各方面的潜在力量，这样走七八公里后，才可能会稍微放松一点。由此可见，设定一个远大的目标，才能让人生之路走得更长远。

"放长线，钓大鱼"比喻做事要从长远打算，虽然不能立刻收效，但将来能得到更大的好处。多留后路，多做准备就是最简单的长远打算。

想当年，13 岁的胡雪岩告别家人，孤身一人来到大阜，在蒋姓老板的杂粮行做学徒。他十分珍惜这份学徒的工作，分内事抢着干，分外事帮着干。有一天，胡雪岩被一个金华火腿行的老板看中，并承诺给他双倍的薪酬要他跟随自己做事。换了一般人，一定很高兴，特别是像胡雪岩这样家境贫困的孩子。但胡雪岩拒绝了，说："我是

来当学徒的,有什么事,请和老板商量。"火腿行老板很欣赏他不被利益所诱惑的品质。后来,每次进货都要借用这个伙计,无奈,蒋姓老板只好忍痛割爱将胡雪岩让给火腿行老板。

到了火腿行,胡雪岩没有倚靠老板的赏识而"作威作福",反而更加勤快、更加用心。一次,他看见来买火腿的老板没带银子,而是一张小小的银票(支票),他很好奇,于是开始打听并且知道了钱庄,还暗地学心算和珠算。有一次,他帮大伙计干活,竟然算账又快又准,算盘打得飞快,让所有的人都愕然:这小孩哪来的这么大本事啊?当时有一个大老板很欣赏他,就是后来改变胡雪岩命运的杭州阜康钱庄于老板。得到于老板的赏识,胡雪岩真正进入了钱庄工作。与在杂粮行、火腿行做学徒时一样,他勤奋好学,处处留心,时刻体现出一个少年的远见卓识。

试想,如果没有远见,这个小少年也许在从杂粮行到火腿行的过程就已经欣喜若狂了。但是胡雪岩没有就此止步,而是在实践工作中处处留心,终于踏入了原本一个放牛娃不曾想象得出的整天与钱打交道的行业。

后来,胡雪岩创办了中药房胡庆余堂。当时每年的盛夏,都有一批举人要上京赶考。根据以往的经验,这些举人因长途跋涉,吃饭、喝水难免担心卫生等问题,经常患痢疾等肠道疾病。于是,胡雪岩别出心裁地给每位考生奉送两枚药丸,如有不够者就到北京药房分号去领,地址写得清清楚楚,药房号更是显眼易记。果然,有胡雪岩的"神药"相助,问题比往年大大减少,胡庆余堂的名声在北京越来越大了。等这些学子赶完考,回到各自家乡,每逢遇到诸

第三章
眼界有多宽广，未来就有多辽阔

类疾病，都向人推荐胡庆余堂的药，渐渐地，胡庆余堂的名号就全国闻名了。当时的胡庆余堂虽然不能撼动北方"同仁堂"的地位，但是在南方却早已风靡一时了。

可以说，胡雪岩后来的商业帝国是在他少年时期就已经具备的远见卓识基础上建造起来的。正是这种远见召唤他不断去行动。我们也可以像他一样，只要心中有了一幅宏图，就能从一个成功走向另一个成功，把身边的条件作为跳板，跳向更高、更好、更令人快慰的境界。所以，精彩的人生就从远见卓识开始吧。

有人说现在是一个急功近利的时代，急功近利的人太多了，这些人太过急于求成，贪图眼前的利益，其特点表现为只顾眼前、不管将来的短浅眼光和浮躁、虚夸的心态。这种心态，已经成为当前社会的一大"顽症"，并已渗透到许多领域。一夜暴富、一朝成名的念头经常萦绕在人们心中，在这种心理的影响下，人们往往被一些蝇头小利蒙住了双眼，却根本看不到在自己前面还有更大、更丰厚的利益。

大名鼎鼎的亨利·福特不仅是福特汽车公司的创始人，还是一个善于长远筹划的人。创业时，他跟一家厂商订购大批汽车零件。他要求这些零件要装在木箱子里，木箱的大小尺寸、木板的厚度、木板的结合、螺丝钉的大小、结合的位置都明确规定，而且不准用一般铁钉代替。当时部下觉得老板太过苛刻了，连包装箱都要求这样严格。

等汽车零件运到，亨利·福特叮嘱大家要好好开箱，不得破坏木板和铁钉，部下再一次感到了老板的苛刻。等到全部拆卸完后，

老板拿着办公室铺设地板的设计图出来时,大家这才佩服得五体投地。原来新建的老板私人办公室的地板,正等着用这一批木板来安装,每片木板的大小厚薄,以及螺丝钉的位置,完全与设计图吻合。

面对部下的赞叹,老板只说了一句话:"办事本来就应该这样嘛!"很多人觉得不可思议,一个大老板居然能在这点小事情上发挥联想力,还有一些人会觉得不必要。但是,这件小事最起码反映出福特老板的一个特点:凡事都进行认真长远的筹划。

福特的话也给每位渴望成功的人提出了要求:"办事情本来就应该这样嘛!"是呀,办事情本来就应该有长远谋划,而不是孤立地去做一件事,然后再做另一件事。办事要有长远眼光,就要尽可能地谋求"一举两得",甚至"一举多得",这样的效果也许不太容易实现,但是只要时时注意、事事注意并长远筹划,就一定能够做到。

人生要有长远的志向,而不能目光短浅。无论是在商业竞争还是职场生涯中,我们都不能总是紧盯眼前利益,而要善于谋划如何"放出长线钓得大鱼"!

第四章

拆掉思维里的墙

人之所以不同于一般低级动物,是因为人有智慧、有思想,并且十分灵活。正因如此,人才能跟随自己的想法去选择、去创造。一个人若想获得成功,就一定要注重思考,放飞自己的思想!

调整思想，换个角度看问题

一个人有主见、有头脑，不随人俯仰、不与世沉浮，这无疑是值得称道的好品质。但是，这还要以不固执己见、不偏激执拗为前提。无论做什么事情，头脑里都应当多一点辩证观点。死守一隅、坐井观天，把自己的偏见当成真理至死不悟，无论是对自己还是对他人，都没有一点益处。如果不认真纠正这种"关羽遗风"，就很有可能会使自己误入人生的"麦城"而转不出来，最后将与成功背道而驰。

我们知道，三国时代的汉寿亭侯关羽，过五关、斩六将，单刀赴会，水淹七军，是何等的英雄气概！可是他致命的弱点就是不善于克制，固执偏激。当他受刘备重托留守荆州时，诸葛亮再三叮嘱他要"北据曹操，南和孙权"，可他不以为然。不久，吴主孙权派人来见关羽，为儿子求婚，关羽一听大怒，喝道："吾虎女何肯嫁犬子乎！"这本来是一次很好的"南和孙权"的机会，却闹得孙权没脸下台，导致吴蜀联盟的破裂，最后刀兵相见，关羽也落个败走麦城、

第四章
拆掉思维里的墙

被俘身亡的下场。

关羽不但看不起对手,也不把同僚放在眼里。名将马超来降,被封为平西将军,远在荆州的关羽大为不满,特地给诸葛亮去信,责问说:"马超的才能比得上谁?"老将黄忠被封为后将军,关羽又当众宣称:"大丈夫终不与老兵同列!"关羽目空一切、气量狭小、盛气凌人,其他的人就更不在他的眼里了。一些受过他蔑视甚至侮辱的将领对他既怕又恨,以致当他陷入绝境时,众叛亲离,无人援救,最后走向灭亡。

现实生活中,像关羽这样的个人英雄还是不少的,然而随着竞争力度的加大,能力竞争已经超出个人能力的单打独斗,取而代之的是团队精神的较量。因此,只有正确看待别人的人才能立足于精诚团结的团队,才能共同进步,从而成就一番事业。

有一只在外面闲逛的小瓢虫,有一天误入了牛角。小瓢虫很小,弯弯的牛角在它看来就像是一条极宽阔的隧道。它想,走出隧道一定会是一个水草丰美的洞天福地。谁料,脚下的路却越走越窄,到后来竟难以容身。因此,小瓢虫不得不停下来认真思考,经过一番激烈的思想斗争,它决心掉过头来,重新开始。

这一回,它由牛角尖向牛角口进发。结果它惊喜地发现,道路越走越宽广,而且当它走出牛角时发现:天蓝蓝的,极其高远;大地郁郁葱葱的,宛如绿浪滚滚的大海。一时间,它觉得自己就是那天上自由飞翔的小鸟、大海中随意竞游的小鱼。从那以后,小瓢虫到处说:"当你遇到无法逾越的障碍时,不妨换一种角度思考。这就像面对一扇打不开的门一样,换一把钥匙,希望之门或许就会为你

敞开。"

人们常常认为那些头脑不开窍、认死理的人有性格和情绪上的偏激。在很多时候造成这种偏激的原因是对事物持有的某种观点和信念,而这种观点和信念其实并不符合客观事实或与逻辑推论相违背。严重的偏激会给我们的生活带来不必要的困扰,还会阻碍我们的进步和发展。其实,走出这种偏激再容易不过,只需要变个方向就行。无论对人对事都要用发展的眼光去看,他以前错过,不等于他永远都错;他以前对过,不等于他永远都对。但是,只这一点便难倒了许多人,无数人都是在碰了壁后才知道回头,但大多已为时过晚。

要克服"一叶障目,不见泰山"的偏激心理,最好的方法是对症下药,丰富自己的知识,增长自己的阅历,培养辩证思维能力,全面、灵活、完整地评价事物,冷静、客观地看待问题。同时,多参加有益的社交活动,培养勇敢、顽强、坚韧、机智、果断、团结、互助等良好的意志品质,有效地增强自控能力。此外,还要掌握正确的思想观点和思想方法,不放纵、不迁就自己,说话、做事多冷静思考,这样才能有效地克服偏激心理。

社会发展了,很多人常会抱怨自己没有机会,自己工作的环境不好,没有好领导,自己的才能发挥不出来等。其实这一切的关键都在于自己,在于如何调整自己的思想。

麦克是一家大公司的高级主管,他正面临一个两难的境地。一方面,他非常喜欢自己的工作,而且这份工作能带来丰厚的薪水,他的位置会使他的薪水只增不减。但是,另一方面,他非常讨厌他

第四章
拆掉思维里的墙

的上司,经过多年的忍耐,他发觉已经到了忍无可忍的地步了。在经过慎重思考之后,他决定去猎头公司重新谋一个别的公司高级主管的职位。猎头公司告诉他,以他的条件,再找一个类似的职位并不费劲。

回到家中,麦克把这一切告诉了妻子。他的妻子是一个教师,那天刚刚教学生如何重新界定问题,也就是把正在面对的问题换一个角度考虑,把正在面对的问题完全颠倒过来看——不仅要跟你以往看这问题的角度不同,也要和其他人看这问题的角度不同。她把上课的内容讲给麦克听。麦克听了妻子的话后,一个大胆的创意在他脑中浮现了。

第二天,麦克又来到猎头公司,这次是请该公司替上司找工作。不久,上司接到了猎头公司打来的电话,请他去别的公司高就。尽管他完全不知道这是他的下属和猎头公司共同努力的结果,但正好这位上司对自己现在的工作也厌倦了,所以没有考虑多久,他就接受了这份新工作。

这件事最美妙的地方,就在于上司接受了新的工作,结果上司目前的职位就空出来了。麦克申请了这个职位,于是他就坐上了以前他上司的职位。

在故事中,麦克本意是想替自己找份新工作,以躲开令自己讨厌的上司,但他的妻子让他懂得换个角度考虑问题。结果,他不仅仍然干着自己喜欢的工作,还摆脱了令自己烦恼的上司,同时还得到了意外的升迁。

所以,在面对问题时,不能只从问题的直观角度去思考,而要

不断发挥自己智慧的潜力,换个角度寻找解决问题的办法,这样才会使问题出现新的转折。调整自己的思想,实际上就是换一种思路。生活中的许多事情,当我们用旧的方法、旧的习惯行不通时,就要考虑换一种方法,换一种思路,说不定这一换,就换出了一条全新的阳光大道。女作家刘燕敏有一篇饶有情趣的题为《换票》的短文,其主要内容如下:

两个乡下人外出打工,一个去上海,一个去北京,可在等车时,各自都改变了主意。因为邻座的人议论说,上海人精明,连问路都要收费;北京人质朴,见到吃不上饭的人,不但给馒头,而且还给衣服。原打算去上海的人想,还是去北京好,挣不到钱也不会饿着,幸亏还没有上车;原打算去北京的人则想,还是去上海好,给人带路都能挣钱,还有什么不挣钱的?幸亏还在车站。于是他们在退票处相遇了,互相换了车票,原准备去上海的去了北京,原准备去北京的去了上海。

去北京的发现,北京果然好,他初到北京一个月,什么事也没干,竟没饿着,不仅银行大厅里的太空水可以白喝,大商场里欢迎品尝的点心也可以白吃。去上海的人发现,上海果然是可以发财的地方,干什么都可以赚钱,看厕所可以赚钱,弄盆凉水让人洗脸也可以赚钱。凭着乡下人对泥土的深厚感情和独特认识,他在建筑工地上弄了10包含有沙子和树叶的土,以"花盆土"的名义,向不见泥土却爱养花的上海人兜售,当天就赚了五六十元。两年后,他凭出售"花盆土"竟在上海有了一间小小的门面。后来,他又发现,一些商店楼面亮丽而招牌发黑,一打听才发现,清洗公司原来只负

第四章
拆掉思维里的墙

责清洗楼面而不负责清洗招牌。他立即抓住这一空当,买了人字梯、水桶和抹布,办起了小型清洗公司,专门负责清洗招牌。如今他的公司已经有150多名员工,业务也由上海发展到杭州和南京等地。

前不久,他去北京考察清洗市场,在火车站,他发现一个捡垃圾的向他要空啤酒瓶。就在递瓶子时,他俩都愣住了,因为5年前他们换过一次车票。

同样是听别人关于上海人精明的议论,一个从平常人的眼光去看问题,觉得不能去;另一个却能从另一角度来看,并没有因上海人精明而害怕,反而认为这正是个赚钱的好地方。不同的视角、不同的思路,就有了截然不同的结果:一个在北京捡垃圾,另一个却成了清洗公司的小老板。

一个人的思想认识要随着社会生活的发展变化而不断地调整,转变思想,从错误中找正确,就能使人遇事时扭转局面。如今社会发展的速度更快了,我们想要跟上它的步调,就要学会多考虑考虑,能不能从另一个方面入手,能不能换一种思路,能不能从另一个角度思考,能不能改变一下固有的做法。只要我们这样去思考,不断调整自己的思想,不把自己固定在一种模式里,那么,我们就有可能找到出路,就有可能取得成功。

凡事都要学会变通

驻足意味着停滞，驻足意味着落后，驻足意味着毫无创意可言。最新的经验证明，"按照以前尝试过并且成功过"的传统方法只能借鉴而不能全部沿袭。如果一家航空公司的口号是"如果没坏，就不要修理"，那么，你还会乘坐他们的飞机吗？不用想，你的答案肯定与大多数人无异，那就是：不会。

事实上，引领我们进入新时代的新式思考工具，也必须像这个时代一样具有革命性。以往所说的"一切如旧"，在今天，应该变为"一切求变"，这是成功的谋事者值得注重的一个重要方面。

在今天，日本已成为世界上数一数二的现代化强国。但在日本一个偏僻的山区里，有一个小山村因山路崎岖，几乎与世隔绝，几十户人家仅靠少量贫瘠的山地过日子，十分落后，生活极为贫苦。

全村人虽然也想脱贫致富，却一直苦于无计可施。

一天，村里来了一位精明的商人，他立即感到这种落后的本身就是一种可贵的商业资源，便向村里的长者谋划了一条致富的计策。

第四章
拆掉思维里的墙

于是，长者马上召集全村人，对村民们说："如今，都是什么年代了，咱村的人还过着和原始人差不多的生活，我们深感内疚和痛心！不过，大都市里的人过着现代化生活的时间长了，一定会感觉乏味。咱不妨走回头路，干脆过原始人的生活，利用咱的'落后'出卖'落后'，定会招来许多城里人。咱们呢，也可借此机会来做生意赚钱。"这一计划博得全村人的喝彩。

从此，全村人便开始模仿原始人的生活方式，在树上建房，披兽皮，穿树叶纺织的衣服。

不久，那位商人便向日本新闻界透露了他发现这个"原始人"小部落的秘密，立即引起社会各界的轰动。

从此，成千上万的人都慕名而至，参观者络绎不绝，众多的游客为这个小山村带来了可观的财富。

有经营头脑的人来了，他们来这里修公路、建宾馆、开商店，将这里开辟为旅游点。

小山村的人趁机做各种生意，很快富裕起来了。

的确，善变者得道，并且善变者会深谙变化之道。

在今天，世界上的游戏规则已经与以往大不相同，今天的世界是"公平竞争"的世界。灵活思维便是改变自我、发展自我最有力的工具。在今天，无论个人还是企业，如果不再以崭新的姿态不断地创新，不断地灵活调整其策略，不断地质疑游戏的基本假设的话，就很难立足于成功的行列。打破传统的桎梏，激活思维灵感，是对谋大事者的一个基本要求。随着时间的改变，许多环境因素都会发生变化，为此，对于传统的经验，往往只可以借鉴，而不能全部

沿袭。

变通是一门艺术,虽然奥妙无穷,但也并不像九霄云烟,令人不可企及。它来自一个人的知识积累、人情世故的练达、超凡脱俗的洞察判断能力,是经过长期的生活和工作锤炼而凝成的。办事的时候,有人往往会依据经验确定办事的方法和原则,然而这并非总能奏效。善于办事的人遇到难事的时候,会以创新的眼光看待问题,换个角度,绕个方向取得事情的成功。

战国时,齐景公一匹心爱的马突然死去,他非常伤心,一定要杀掉马夫以解心头之恨。众位大臣一起劝阻齐景公不可为一匹马而滥动刑罚,而齐景公却已铁定了心,众人的劝告一概充耳不闻。

这时,相国晏婴走了出来,众臣都以为晏婴也有劝诫齐景公的意思,谁也没有料到,晏婴却明确地表态说:"这个可恶的马夫,该杀!"

齐景公十分高兴,就把那个心含冤屈的马夫喊来,听晏婴历数他的罪过。

晏婴历数马夫的三大罪状:"你不认真饲马,让马突然死去,这是第一条死罪;你让马突然死去,却又惹恼君主,使君主不得不处死你,这是第二条死罪。"听晏婴痛说马夫的前两条死罪,齐景公心中真是乐滋滋的。可晏婴话锋一转,说出了马夫的第三条罪状:"你触怒国君而因一匹马杀死你,使天下人知道我们的国君爱马胜于爱人。因此天下人都会看不起我们的国家,这更是死罪中的死罪,罪不可赦!"

听晏婴诉说马夫的第三条罪状,齐景公开始还连连点头微笑。

第四章
拆掉思维里的墙

但当晏婴说到"使天下人知道我们国君爱马胜过爱人"时,他张开的嘴却定在那里,脸上的表情也一阵红一阵白。晏婴又吆喝一声:"来人,按大王的意思还不推出去斩了!"这时齐景公如梦初醒,赶紧对晏婴说道:"相国息怒,寡人知错了。"

晏婴没有正面批评齐景公,却达到了劝谏救人的目的。可见,绕路攻关通常能取得很好的效果。在这样的场合中,一方面,该说的话不能不说,根本利益不能牺牲,原则不可放弃;但另一方面,关系又不可弄僵,彼此的面子与和气不能伤害。所以,这就需要首先承认对方的实力、地位、权威,甚至他的道理,然后突然转到正题——你的话虽好听,但实际上是对对手彻底的否定,这样就达到了自己的目的。

经营房地产推销的哈尔默奇先生,有一次承担了一项艰巨的推销工作。

因为他要推销的那块土地紧邻一家木材加工厂,虽然这片土地接近火车站,交通便利,但是电动锯锯木的噪声使一般人难以忍受。哈尔默奇先生想起有一位顾客想买块土地,其价格标准和这块地大体相同,而且这位顾客以前也住在一家工厂附近,整天噪声不绝于耳。于是,哈尔默奇先生拜访了这位顾客。

"这块土地处于交通便利地段,比附近的土地价格便宜多了。当然,之所以便宜自有它的原因,就是因它紧邻一家木材加工厂,噪声比较大。如果您能容忍噪声,那么它的交通地理条件、价格标准均与您希望的非常相符,很适合您购买。"哈尔默奇先生如实地对这块土地做了认真的介绍。

不久,这位顾客去现场实地考察,结果非常满意。他对哈尔默奇先生说:"上次你特地提到噪声问题,我还以为噪声一定很严重。那天我去观察了一天,发现那里噪声的程度对我来说不算什么。我以前住的地方整天重型卡车来来往往,络绎不绝,而这里的噪声一天只有几个小时,所以我很满意。你这人很真诚,要换上别人或许会隐瞒这个缺点,说一些好听的,你这么坦诚,反而使我放心。"

就这样,哈尔默奇先生顺利地做成了这笔难做的生意。

假若哈尔默奇先生介绍那块土地时仅说其优点,而掩盖其缺点,那么把这件事情办成的概率又有几分呢?由此可以看出,办事的时候应该多一点心机。懂得变通、懂得换位绕路攻关的人从来都是聪明的,他们总能独具慧眼,找到新的路,让自己办事畅通。

世界是经常变化的,人也不能固守着自己的思维而不求突破。所以在必要时我们要善于改变,而不能一味地用直接的方法办事。改变做事的规则,善于变通,其实也是办事的一种切实可行的方法。

第四章
拆掉思维里的墙

在脑中种下"野心"的种子

纵观历史上所有的成功人士,在他们身上,我们都可以发现一个共同点,那就是有野心。正是野心,让身处底层的人们敢于反抗,推翻前朝建新朝;正是野心,使人们在贫困中奋斗,最终拥有惊人的财富。曾经的他们也许和你一样,甚至还不如你,但当他们的身躯中植入野心的种子,一切将会改变。

美国成功学大师安东尼·罗宾对数百位白手起家的百万富翁的早期心理进行深入的探查和分析,他发现这些财富拥有者均有一个共同的特点——对财富强烈的占有欲望。很多白手起家的人从一开始就是以获得财富为主要目标的,获得财富就是他们最大的欲望。

种子只要有适宜的湿度和温度就会发芽,但如果一个人缺少欲望,即便是天大的好机会摆在面前,他也会白白地错过,就像已经熟透的种子无法成长一样。可以说,致富的欲望是创造和拥有财富的源泉。一个人一旦滋生了这种欲望,便会激发意识能量,从而不断构思,最终得出一个超乎寻常的创富计划,再凭借这种欲望带来

的持久兴奋,最终将这个计划实现。

有位法国富豪在临终时曾留下一个谜语,这位富豪名叫巴拉昂。巴拉昂以推销装饰肖像画起家,在不到10年的时间里迅速跻身法国50大富豪之列。1998年他因前列腺癌在法国博比尼医院去世。临终前,他留下遗嘱,把他4.6亿法郎的股份捐献给博比尼医院用于前列腺癌的研究;另有100万法郎作为奖金,奖给揭开"穷人最缺少的是什么"之谜的那个人。

巴拉昂去世后,法国《科西嘉人报》刊登了他的一份遗嘱。他说:"我曾是一个穷人,去世时却是以一个富人的身份走进天堂的。在跨入天堂的门槛之前,我不想把我成为富人的秘诀带走。现在秘诀就锁在法兰西中央银行我的一个私人保险箱内,保险箱的三把钥匙在我的律师和两位代理人手中。谁若能回答穷人最缺少的是什么,他将能得到我的祝贺。当然,那时我已无法从墓穴中伸出双手为他的睿智而欢呼,但是他可以从那只保险箱里荣幸地拿走100万法郎,那就是我给予他的掌声。"

遗嘱刊出之后,《科西嘉人报》收到大量的信件。有的骂巴拉昂疯了,有的说《科西嘉人报》为提升发行量在炒作,但是多数人还是寄来了自己的答案。

绝大部分人认为,穷人最缺少的是金钱,此外穷人还能缺少什么?当然是钱了,有了钱,穷人就不再是穷人了。

还有一部分人认为,穷人最缺少的是机会。一些人之所以穷,就是因为没遇到好时机,股票疯涨前没有买进,股票疯涨后没有抛出,总之穷人都穷在时运不济上。

第四章
拆掉思维里的墙

另一部分人认为,穷人最缺少的是技能。现在能迅速致富的都是有一技之长的人,一些人之所以成了穷人,就是因为学无所长。

还有的人认为,穷人最缺少的是帮助和关爱。每个党派在上台前,都给失业者大量的许诺,然而上台后真正爱他们的又有几个?

另外,还有一些其他的答案,比如:穷人最缺少的是漂亮、是皮尔·卡丹外套、是《科西嘉人报》、是总统的职位、是沙托鲁城生产的铜夜壶……

总之,答案五花八门,应有尽有。

巴拉昂逝世周年纪念日,律师和代理人按巴拉昂生前的交代,在公证部门的监视下打开了那只保险箱,而在48561封来信中,有一位叫蒂勒的小姑娘猜对了巴拉昂的秘诀。

蒂勒和巴拉昂都认为穷人最缺少的是"野心",即和"志向"是同义词的"野心"。在颁奖之日,《科西嘉人报》带着所有人的好奇,问年仅9岁的蒂勒,为什么想到的是"野心",而不是其他的。蒂勒说:"每次,我姐姐把她11岁的男朋友带回家时,总是警告我说不要有野心!不要有野心!我想,也许野心可以让人得到自己想得到的东西。"

巴拉昂的谜底和蒂勒的回答见报后,引起不小的震动,这种震动甚至超出法国,波及英美。

一些好莱坞的新贵和其他行业几位年轻的富翁,就此话题接受电台的采访时,都毫不掩饰地承认:野心是永恒的特效药,是所有奇迹的萌发点;某些人之所以贫穷,大多是因为他们有一种无可救药的弱点,即缺乏步入富豪阶层的野心。

富足本身是一种内心的感觉，财富是让你内心富足的最有力工具之一。在这个经济社会里，人的成功标志和价值，更多的是依靠拥有财富的多寡来衡量的。"要嫁个有钱人"成为很多女孩的口头禅，"少奋斗 20 年"也成为某些男士的"壮志理想"，但更为明智的做法应该是依靠自身的智慧，创造成为富翁的机遇，从而成为财富的拥有者。

贫穷并不可怕，可怕的是人安于贫穷。我们要把致富的欲望"强加"给自己，当这种欲望在身体里膨胀的时候，你才会更加努力，才可以竭尽全力释放出最大的能量，才可能有足够的胆量去追逐别人不敢奢望的巨额财富。

一个富翁家里有一位老花匠，主要负责院子里的清洁和花草的修剪、种植工作，日工资 3 美元。

一天，老花匠很困惑地问那个富翁："先生，我看到每天都有大量的金钱进入您的口袋，为什么您可以轻松地赚到这么多的钱，过着富裕的生活，而我每天只能清扫院子、修剪花草，过着贫穷的生活？您能告诉我一些致富的秘诀吗？"

富翁说："你会什么呢？"

老花匠想了一下说："我现在已经很老了，只能清扫院子，修剪院子里的一些花花草草。"

"这正是你的特长，你可以种植树木啊。"富翁笑着说，"现在市场上的树苗一株是 30 美元，5 年后树苗就可以成材，一棵树可以卖到 800 美元。我有一个 150 亩的农场，可以种植 12000 棵树苗，5 年后就可以获利 924 万美元。如果你愿意，我可以投资，让你来管理，

第四章
拆掉思维里的墙

5年后我们平均分配所获得的利润,你看怎么样?"

老花匠兴奋地说:"5年后,我就会拥有462万美元?"

富翁肯定地说:"对,你会拥有462万美元。"

可是没过一会儿,老花匠马上又愁眉苦脸了,并且小声地说:"我从来没有想过有这么多的钱,我看还是算了吧。"

事实上,世上有成千上万的人们都是被这样的心态打败的。很多时候,穷人之所以穷,不是因为他们没有能力,也不是因为他们没有努力,更不是因为他们没有梦想,而是因为他们缺少将梦想变成现实的野心。

追求成功,就如同射箭一样,如果你所设定的目标是一只鹰,那么你可能只射到一只小麻雀;但如果你的志向是射下月亮,那你可能就射到了一只雄鹰。当今世界上穷人仍占大多数,贫穷的原因,大多数是因为他们有一种无可救药的缺点,即缺乏野心,没有站在"高处"的野心。他们所追求的只是一种平常、闲逸的生活,有的甚至只追求吃饱穿暖、住处稳定的基本生活条件,这样的想法就注定了他们一辈子也不可能成功。因为他们的目标太低,当他们拥有了最基本的物质生活保障时,就会停滞不前,不思进取,得过且过。如此,如何会跻身成功人士之列呢?

拿破仑说过:"不想当将军的士兵不是好士兵。"这句话不知激励了多少人奋发向上而成功。大千世界,浩浩尘寰,多少人庸庸碌碌、一事无成,或者只追求眼前的利益而停滞不前,究其原因,只是因为他们缺少干大事的野心。野心,是推动人们勇敢向前的动力。有了野心,你就已经比别人成功了一步。

思想有多远，你就能走多远

古人云："不谋全局者，不足以谋一域；不谋长久者，不足以谋一时。"超前思维是成功人士的制胜法宝。在这个竞争日益激烈的社会中，只有将眼光放远，你才能把握制胜先机；只有超前，你才能拥有更多成功的机会。

成功人士通常具有战略眼光，他们总是把注意力放在下一个问题上，这为他们明确未来的目标提供了催化剂，发挥出他们突破性思考的远见。思想有多远，我们就能走多远，无论现在如何，只要在今天树立一个目标，再将它分解为一个个能够一步步完成的小目标，然后持之以恒地为它付出、奋斗，总有一天，我们就能够好梦成真。

成功者总是自觉培育强烈而积极的动机感，他们能自己选定目标，向想要发挥作用的方向努力，很少灰心丧气，即使有时出现失望、沮丧的情绪，他们也能够从自身内部迸发出力量，稍许徘徊之后就又继续向实现自我的目标迈进。对成功的欲望使他们集中注意

第四章
拆掉思维里的墙

力于成功的报酬,并积极地摆脱畏惧和失败的纠缠,他们总是说:"我想……""我能!"

世界旅馆大王、美国巨富威尔逊是在"二战"后期发迹的大富翁。因为战争的缘故,战后人们陷入贫困,连温饱都难以解决,更不要妄想买地皮修房子、建商店、盖工厂了,所以当时的地皮价格一直很低,更没有人关注房地产业。但威尔逊认为,人应具有长远的目光。虽然现在美国经济处于低迷状态,但美国毕竟是战胜国,它的经济在短时期内一定会快速腾飞。到那时地皮的价格一定会上涨很快,他断定未来房地产生意一定很火。于是,经过再三思考后,他决定从事当时被人们认为不赚钱的房地产生意。

当时,他的决定遭到亲朋好友的反对,甚至外人的讥讽。威尔逊认为自己决不会看走眼,毅然坚持自己的选择。他拿出自己的全部积蓄,再加一部分贷款买下市郊一块很大却没人要的废地。这块地的地势很低,无法耕种,也不适合盖房子,所以一直无人过问。但威尔逊亲自到那里看了两次以后,认定这是块黄金宝地。因为,这块地远离市区,风景优美,美丽的密西西比河从它旁边蜿蜒而过,大河两岸绿树成荫,绝对是消夏避暑的好地方。于是,威尔逊倾尽全力买下了这块杂草丛生的地皮。

事实正如威尔逊所料。战后,美国经济迅速复苏,人口骤增,市区发展迅速,马路很快就修到了威尔逊那块地皮的旁边。这时人们才突然认识到它的价值。这块地皮也成了商人们追逐的热点,为了得到这块地皮,他们互相竞价,价格高于原来的几十倍。在人们都认为威尔逊一定会高价出售大赚一笔时,得到的消息却是威尔逊要在这块地皮上建造自己的旅馆。

这也显示了威尔逊拥有长远的目光。他知道高价出售只是一时利益,从长远来看,自己投资修建旅馆利益更大。所以,威尔逊自己在这块地皮上盖起了一座汽车旅馆,命名为"假日旅馆"。由于假日旅馆地处郊区、风景宜人、静谧典雅,是休闲旅游的好去处,开业后顾客络绎不绝,生意非常兴隆。此后,威尔逊的假日旅馆开遍了全世界其他地方,为他赚取了巨额财富。

遇事处处留心,比别人看得更远、更准,这便是成功人士的秘诀。因为目光长远,所以他们会一直努力,直至达到成功。从威尔逊的成功来看,除了目光长远,还要学会利用一切有利因素,如人脉关系、资金、信息、人才、周围的环境等,这些因素可能暂时用不到,但你若将目光放长远,就会发现这些全部都是为你的成功做的铺垫。

1982年,赵宇天取得药学博士学位后即进入药厂,从最底层的业务代表做起。当时的他,已嗅出学名药的庞大商机。两年后,由于美国国会通过《药物竞价及专利权恢复法案》,解除过去对新药药厂的保护,该法案等于宣布学名药可以抢食医药市场。

赵宇天向亲朋好友募集100万美元,在法案通过当年就创立华生制药。这是赵宇天的第一个远见,当别人看见法案通过才着手成立学名药厂时,他早已成为这一领域的先行者。

其实,对于华生制药的发展,赵宇天主要规划了三大步。第一步是求生存,在没有足够的资金和专门技术人员的情况下,公司必须尽快让第一支学名药上市,抢占市场。而华生制药的第一支上市学名药,就是仅花两年、技术门槛较低的利尿剂。

果然,华生制药开发的利尿剂上市后,公司就损益两平了。但这是求生存的权宜之计。他说:"就好像下围棋,我已想到未来5年的扩张布局,但前提是要先占到一个据点,才能开始下一步。"他很清楚,像利尿剂这种简单的产品,很快就失去利润,华生初期选择简单的路走,目的是要为下一步铺路。

在看到第一步的同时,他也同时看到了第二步该怎么走,即在决定开发利尿剂的同时,同步开发口服避孕药。相对利尿剂而言,这是个技术门槛更高的领域。当时全球口服避孕药市场不大,整年的产值甚至不到1000万美元,但赵宇天认为这种药品潜在市场非常大,只要能突破技术关卡,大有利润。

于是,赵宇天根据自身情况,精挑利基市场。他知道只要找到市场空缺,即大药厂并没有兴趣投资、低阶学名药厂没有技术能力进来的地方。华生制药抢先进入这一领域,获利将非常可观。的确如此,这个市场让赵宇天狠狠地赚了一笔。

此后,赵宇天采取一网打尽的策略,独占了口服避孕药这个利基市场,并开发出高达27种口服避孕药。同时,华生制药还介入了一些政府严密管制的药种。经过这个阶段的打拼,9年内,华生制药营收增长30多倍。

1997年,华生制药进入第三步,在学名药战场的战局逐渐明朗化的前提下,赵宇天提出:购并学名药厂,以提高华生制药的经济规模;同时跨入专利药市场,以提高产品的获利能力。

如今,华生制药的通路布局更为完整,年营收已逾20亿美元。

赵宇天可谓生意场上的"棋圣",他精于全局布局,走一步看三步,每一步都是成竹在胸,这样的人想不发达都很难。

凡事多想几步,会帮助人创造更多的机会;多想几步,有助于你充分挖掘自己的潜能,在成功路上稳健前行,步步为营。所以,人生路上,决不能走一步看一步,否则会让你丧失前进的动力,失去成功的机会。

一个成功的人,一定是一个很有眼光和远见的人,他绝不是个人云亦云的附和者,而重视着眼于未来。被誉为经营之神的松下幸之助说过这样一句话:"只有眼光既远又广的人,才能在人生的路上扬眉吐气。"所以,你要想成功,就应该放远自己的眼光,给自己一片更广阔的天空!

第四章
拆掉思维里的墙

果断地把握机会

有人说:"幸运女神会光顾世界上的每一个人,但如果她发现这个人并没有准备好要迎接她时,她就会从大门里走进来,然后从窗子里飞出去。"每一次的机会都是可遇不可求的,因此,你一定要珍惜,机不可失,失不再来,否则当你真正失去的时候,后悔也只是徒劳。

每个人的一生中都会经历这样那样的变化和转折,有人在关键时刻能够做出关键性的决定,从而走向关键性的成功。这些人都是有着敏锐直觉的人,他们不轻易放过生活中的任何一个机会。机会不会从天而降,机会只会垂青那些有准备的人。只有主动寻找机会,才能把握时机,获得成功。

兄弟俩上山打猎,来到一处草丛茂盛处,做好埋伏的准备。听老人说,那里有不少野兔出没。

果不其然,过了不久就看到有两只兔子津津有味地在附近吃草。两兄弟高兴万分,老大对老二说:"今天晚上回去,把其中一只清炖

了,另外一只送给邻居家的花姑。"老二说:"清炖的多不好吃啊,还是在院子里架上火烤着吃吧。"

两兄弟在为如何处理两只兔子的后事商量着,口角还不断流着口水,似乎香喷喷的兔子肉已经到了嘴边,老大还似乎看到——心中暗恋的花姑,看到自己的能干和殷勤,而露出花儿般的笑脸。

两兄弟商量之后达成了协议,于是纷纷举枪对准目标。可是准星再也瞄不到可爱的兔子了,原来两只兔子早就在兄弟俩商讨"大计"的时候跑远了。

机会是转瞬即逝的。如果不想因为错失良机而慨叹,那就不要有"花开堪折直须折,莫待无花空折枝"的遗憾。成功的人,往往在机会到来的时候犹如一个勇猛的战士冲锋上前,牢牢地把机会抓在手里,而小脚女人般地亦步亦趋,只会眼睁睁地看着机会在别人的手掌里变成美好的事实。

收获和付出是成正比的,这话一点都不假。当你永葆一颗进取的心、一种向上的姿态,机会早晚是你的怀中之物,梦中鲜花也会从梦境开向现实。这所有的一切就看你如何去把握。

被人们称为"打工皇后"的吴士宏,从1985年进入IBM打工,12年后已成功地出任IBM中国销售渠道的总经理。难道她的成功是从天而降的吗?其实,她所经历的病痛和折磨不比任何一个不幸的人少。

不幸的降临是不会事先通知任何一个人的。一场奇怪的大病打乱了她原本计划好的一切。病床上的4年,是她与死神病痛搏斗的4年,是她身心备受折磨的4年。人的一生没有多少个4年等着你。

第四章
拆掉思维里的墙

病愈后的吴士宏,决定参加高等教育自学考试。她决心用自己的努力把耗费的4年光阴补回来,用自己不顾一切的努力去拼搏。她从头开始学英文,花一年半拿下了大专,吴士宏感觉最深的两个字是"真苦"!她每天挤出10个小时的时间用在学习上。自考文凭考下来了,她最得意的是"赚"回了点时间。

学业完成后的吴士宏因一个意外的机缘到IBM工作。其实,能够到IBM工作,跟她主动把握机会是分不开的。为了面试时的一个承诺,她自己花钱买了一台打字机,不分白天黑夜地去练习,用了短短一星期的时间,奇迹般地练出了专业打字员的水平!她如愿以偿地进入IBM之后,身处一个无比优秀的团队中间,感到了巨大的压力。但是吴士宏是一个进取心非常强的人。她不断地学习、充实、超越自己,拼命学习一切相关的东西。

她开始做销售的时候,感觉到缺乏专业知识是第一大障碍,"培训毕业只是个模子,要把客户的具体要求套进去再做出方案来,非常困难!"

在这个过程中,吴士宏给自己定下了要"领先半步"的目标,不把自己累到极点就觉得不够努力,对不住自己。她在办公室里晕倒过,吐过血,犯过心绞痛;还专门在抽屉里备着闹钟,一个星期总有几次熬到凌晨两三点。就这样,在付出了辛苦和心血之后,吴士宏终于发展了第一个大客户中远:中远的运输公司业务是IBM主机,外轮代理全部是IBM小型机系列。

1994年,吴士宏去了IBM华南公司,她在那里带起了一支队伍,她与之一起成长,一起做出了辉煌的业绩。

不要只等着被别人选择,盲目地等待只会让你错失良机,勇敢地进取才能让你收获更多。机会有时候像是悬在半空中的金苹果,你不主动伸出手,是不会够得到的。果断地把握机会,以进攻的姿态做事,才能像吴士宏那样走向成功。

拿破仑·希尔小的时候心思很细密。他发现自己想要做的事情如果不马上去做或表态,就会永远也别想得到。比如,爸爸问他想不想去姑妈家,他一犹豫,爸爸便带着其他人走出了家门;继母问他要不要吃糕点,他一迟疑,糕点马上成了弟弟的美餐。如此的情况多了,他就养成了一个习惯,对于自己认定的事情,要在最短的时间内给出结论。

25岁那年,在一家报社做记者的他接到一个采访钢铁大王卡内基的任务。因为是第一次采访,他做足了功课,采访进行得很顺利,卡内基侃侃而谈,他的采访本上密密麻麻写满了采访记录。突然,卡内基问他,是否愿意接受一份没有报酬的工作,用20年的时间来研究、采访世界上成功的人。

没有报酬,20年的工作时限?他微微愣了一下。不过马上意识到这是一项极具挑战的工作。同意?不同意?同意等于没有钱赚;不同意呢,失去了与成功人士对话的机会。进退两难之间,理想占了上风,他喜欢有挑战的生活。

"我愿意!"他响亮地给出了答案。

卡内基也怔了一下,不确定地询问:"你真的愿意?"

"愿意!"

卡内基露出了满意的笑容,抬手露出了紧握在手中的手表:"如果你的回答时间在60秒之外，将得不到这次机会。我已经考察过近200个年轻人了，但是没有一个人能这么快给出答案。说明他们优柔寡断，犹豫不决。我认可你！"

第二天，卡内基带他采访了著名的发明家爱迪生。再之后，又通过卡内基的联系与帮助，他结识了政界、工商界、科学界、金融界等卓有成绩的近500位成功者。在研究和思考他们成功经验的基础上进行比对与研究，终于找到了人们梦寐以求的人生真谛——如何才能成功。他根据自己的研究写了一本《成功规律》，为年轻人指点迷津。这本书一上市就得到热卖，一度创造了销售纪录新高，成为激励千百万人获得成功的教科书。

他不仅成为美国社会享有盛誉的学者、激励演讲家和教育家，百万美元收入的畅销书作家，而且成为两届美国总统伍德罗·威尔逊和富兰克林·罗斯福的顾问。

面对纷至沓来的荣誉，他说："果断是成功的救命草。没有那天我的坚定应答，就没有今天的成就。"

世间让人感到可惜的就是那些不能决断的人。事情对他有利时，他不敢拍板，前怕狼后怕虎，这也顾忌那也犹豫。这种主意不定、意志不坚的人，既不会相信自己，也不会为他人所信赖，机遇更不会属于他。因为犹豫不决，很多人使他们美好的前程毁于一旦，失去了构筑梦想的机遇。

成功需要积极的思想

通往成功的道路上充满了坎坷，布满了荆棘，不可能是一帆风顺的，挫折随时可能出现。但是只要对自己的人生道路充满了憧憬和希望，刻苦努力，就能到达人生光辉的顶点。要实现自己的人生目标，不能依靠命运的赐予，而要依靠自己永不放弃、顽强拼搏的精神。如果拥有了命运的赐予，更应该珍惜，不能在观望中等待。

著名的音乐家贝多芬一生的成就让我们永远纪念他。从他手上流动出来的音符不知道打动了多少人的心灵，他的音乐跨越空间和时间，成为永恒的经典。可是他的一生并不顺利，甚至充满了贫穷和苦难。

他所遭到的磨难和贫困不仅使他的双耳失聪，还几乎逼得他去行乞，甚至差点把这位"乐圣"所钟爱的事业给毁掉。然而他没有因为命运的打击而一蹶不振，而是不断向"命运"挑战，并取得了最终的胜利。贝多芬最伟大的作品《命运交响曲》，就是在他两耳失聪、生活最悲痛的时候写出来的。

第四章
拆掉思维里的墙

贝多芬在给一位公爵的信中说："公爵，你之所以会成为公爵，只是由于偶然的出身；而我之所以成为贝多芬，则是靠我自己。"从中我们看到一位自信、毫不示弱的音乐家对命运的态度。

一个人会成为什么样子，就是他每天头脑里所想到的那些东西，而不可能是别的样子。因为命运就掌握在每个人自己手中，它将会何去何从，也完全取决于自己。正如亨利在他的诗句中所写到的那样："我是命运的主人，我主宰自己的心灵。"

从这个意义上说，如果你想知道自己将来会成为什么样子，那就从了解自己现在的思想开始。你现在的思想决定了你命运的走向，而命运的走向又决定了你会有一个什么样的未来。如果你现在的思想是阴暗、消极的，未来也不会阳光明媚；如果你现在的思想是阳光、积极的，未来又怎么可能会乌云密布呢？这是一条普遍的规律，任何人都概莫能外。

也许有的人会说："老天对我本来就是不公平的，我一出生就有身体缺陷，对此我又能怎么办呢？"很不幸，上天让你一生下来就有身体上的缺陷，但又有什么重要的呢？我们每个人都是上帝咬过一口的苹果，只是咬你的那一口大了些，可说不定那正是因为上帝偏爱你的芬芳呢！对于这样的说法，或许会有人斥之为阿Q精神，是一种精神上的自我安慰法，并没有任何益处。而事实上果真是这样吗？

有一个盲人，在他很小的时候，为自己的缺陷而无比烦恼沮丧，他认定这是老天在处罚他，认定自己这一辈子都不会有什么出息了。因此，他开始对自己身边的事物不满起来，开始悲观厌世、颓废不

振。直到有一天,他遇到一位当地知名的教师,这位教师听了他的心事后,说:"世上每个人都是被上帝咬过一口的苹果,都是有缺陷的人。有的人缺陷比较大,遭遇的痛苦比别人多,那是因为上帝特别喜欢他的芬芳。"听了这句话,他开始对自己的遭遇有了一个全新的认识,也对自己的人生做了重新安排。

他认为他的残疾是上天对他的考验,也是对他的挑战,是在考验他能不能面对上天对他的挑战。当他这样思考的时候,他开始振作起来,开始决定走出先前颓废的生活,转而向命运挑战。若干年后,他成了当地一个著名的盲人推拿师,他的成功激励了许多身残志坚的人,引领他们摆脱命运的束缚,走出阴霾,走向成功。

在一生之中,每个人的人生旅程都不可能一帆风顺,命运总会或多或少给我们一些无法解开的难题,这是因为我们都是"被上帝咬过一口的苹果"。这并不是一种自欺欺人的想法,就像一个身处黑暗之中的人一样,任何方向的光亮都能给他带来希望,而这种想法就是我们战胜苦难的希望,只要在脑海中植下了这种想法,生活就会发生意想不到的转变。

事情就是这样,当苦难降临到你身上的时候,你若因惧怕而不敢面对,它反而会给你更大的压力和恐惧;相反,若你选择勇敢地去正视它,情况也许就会发生改变,你会因此而翻开人生崭新辉煌的另一页。

发生在我们身上的事情既然已经发生,不可能避免也无法改变,那我们为什么不往好的方面去想呢?这并不是一种自我安慰的阿Q精神,而是对待人生的一种豁达的心态。毕竟现在已经是既成的事

第四章
拆掉思维里的墙

实,不会因为我们不喜欢而改变,但未来却是未知的,它就在我们的手中。

一个人能取得怎样的成就,并不在于他的个人能力和经验,而在于他的思想。成功者相较于失败者,最大的区别就在于前者以一种积极乐观的思想去对待人生中各种莫测的际遇,而后者却用一种消极悲观的思想来面对这一切。很多事情就是这样,同样的一份工作,当你用不同的思想去面对时,工作的结果也会因此而不同。

从前,有一位旅行者在某一天来到一个村庄,他远远地看见一位老者站在村子的入口,于是他走过去问道:"老人家,请问这个村子里的人好不好客,风俗习惯怎样?"

站着的老人家看了看这位旅行者,没有回答他的问题,却反问道:"你从前生活的地方怎么样?"

那位旅行者听老者如此反问,脸上瞬间发生变化,只见他不断地摇头说:"我之前居住的地方经常发生斗殴,邻里之间虽鸡犬相闻,却老死不相往来,我对那个地方讨厌极了!"

老者听完旅行者的抱怨,接着对他说道:"唉!你还是别进去吧,这个村庄的情况与你之前住的地方一样。"

就这样,过了几天,又有一位旅行者来到村庄,同样向这位老者打听村庄的风俗习惯。老者同样看了看这位旅行者,反问道:"你从前住的那个村庄怎么样?"

第二位旅行者回答道:"我以前生活的那个地方真是美极了,他们热情好客,追求生活,我离开时都依依不舍,他们待人真的十分友好。"这位老者听完第二位旅行者的回答,微笑着说:"这个村子

里的人与你从前生活的村子一样，他们热情好客，对人也十分友好，生活在这里，你会快乐无比的。"

老人讲到这里，一直站在他身旁的孙子非常不理解，他问道："爷爷，这两个人问了同样的问题，你为什么做出不同的解释？"老人用手抚摸着自己孙子的头说："两个人从牢中的铁窗望出去，一个看到泥土，一个却看到了星星。一个人怎么样看世界，这个世界就是怎么样的。"

确实是这样，人生中的很多道理都是相同的，一个人将来能取得什么样的成就，我们完全可以从他现在的做事态度中看出来。因为，在现今这样的职场环境中，你的态度就是你的竞争力。工作并没有重不重要之分，有分别的只是对工作的重视程度，也就是对工作持有什么样的想法。

一个人有着什么样的思想就会产生什么样的行为，从而最终决定了结果的不同。消极的思想，让我们没有动力把一件事做好，所以注定会走向失败。而积极的思想，会激发我们自身的动力，让我们努力拼搏，一步一步走向成功！

下 篇
你只负责向前，时间会把你变优秀

一个人想要梦想成真，就必然要懂得脚踏实地，一步一个脚印地走在通往成功的路上。在路途中，坎坷和荆棘是无可避免的。但只要我们能够调整好自己的状态，用自己的毅力将它们克服，并细心谨慎地将身边的每一件小事做好，相信总有一天，我们一定能够登上梦想之巅！

第五章

与其在虚浮中枯萎，不如在脚踏实地中绽放

如果认为实现自己描绘的梦想有简便的手段，有捷径可走，那就大错特错了。要知道，每个成功者都走过一条不平坦的路，这路上有他们的脚印，那正是他们脚踏实地，一步一步走向成功的标志。

立足现实,切勿好高骛远

年轻人需要有远大的志向,但这志向的实现并非一朝之功,没有基础的积累,妄想一步登天是不可能的。登天需要阶梯,没有结实的梯子,就算你有孙悟空一个筋斗翻十万八千里的能耐,若没有驾驭云朵的基本功,也会从天上摔下来。

"有志者,事竟成",虽然能够激励一个人去奋斗、去拼搏,但如果志向脱离了现实,这个人再怎么奋斗,再怎么拼搏,理想总归会变成幻想。所以,有志之人应该懂得从低处做起,只有这样,才能踏踏实实,一步一个脚印地走向成功。

目标远大固然没有错,但你也要知道目标犹如靶子,它必须要在你有效的射程之内才有意义。如果目标偏离实际,这反而无益于你的进步,好高骛远,终将是黄粱美梦一场。没有真正的本领和能耐,只能是不切实际的夸夸其谈;没有切实可行的方案和措施,只能是空洞的胡思乱想。

李嘉诚成功之后,有一个记者在采访他时,问了这样一个问题:

第五章
与其在虚浮中枯萎，不如在脚踏实地中绽放

"请您说说一个人的成功是不是跟从小的志向有关，而一个人的志向是不是天生的？"

李嘉诚回答说："从哲学的角度而言，事物都是发展的。人的志向由儿时的幻想到以后成长中的实际情况的想法，也是一个纵向发展的过程，这其中就涉及两个环境：其一是自己的理想造就的，其二是现实生活给你的。这两个环境是你无法抗拒的。它们相互斗争的过程，也是磨炼意志的过程。就拿我自己来说，童年的时候，父亲教育我要学习礼仪或遵守诺言，而我呢，也受到父亲的熏陶，自小便很喜欢念书，而且很有上进心。那时候，我就暗暗地发誓，要像父亲一样做一名桃李满天下的博学多闻的教师。但是由于环境的改变，贫困生活迫使我孕育一股更为强烈的斗志，就是要赚钱。可以说，我拼命创业的原动力就是随着环境的变化而来的。当我14岁的时候，父亲去世，我要肩负家庭的重担，因为我是长子，而父亲并没有留下什么物质给我们，所以读书是绝对没有可能了。赚钱是迫在眉睫的，这样我的志向就有了改变。而且接下来进入社会开始工作的日子里，我有韧性，有独立创业的勇气和胆量，自然会有回报的。"

有了目标，还要有决心为你的目标付出代价，如果你空有大志，而不愿为理想的实现付出辛勤劳动，那么你的"理想"也只是胡思乱想罢了，不会带来任何有价值的东西。好高骛远者多是懒汉，他们害怕吃苦，情绪懒散，好逸恶劳，贪图享受。他们甚至打心眼里瞧不起那些刻苦耐劳者，认为那是愚蠢的，他们也打心眼里瞧不起那些每天围绕在自己身边的所谓小事，不屑于去做好它。

维斯卡亚公司是20世纪80年代美国最为著名的机械制造公司，其产品销往全世界，代表着当今重型机械制造业的最高水平。许多人毕业后到该公司求职均遭拒绝，因为该公司的高技术人员已经爆满了。但令人垂涎的待遇和足以自豪、炫耀的地位，仍然向那些有志者闪烁着诱人的光环。

当时的史蒂芬是哈佛大学机械制造业的高才生，和许多人的命运一样，在每年一次的用人测试上都会被拒绝。史蒂芬并没有死心，他发誓一定要进入维斯卡亚重型机械制造公司。于是，他采取了一个特殊的策略，假装自己一无所长。

他起初先找到公司人事部，提出为公司无偿服务，请求公司分派给他任何工作，他都不计任何报酬来完成。公司起初觉得不可思议，但考虑到不用任何费用，也用不着操心，就把他分配去打扫车间里的废铁屑。

在这一年期间，史蒂芬勤勤恳恳地重复着这种简单却劳累的工作。为了糊口，下班后他还要去酒吧打工。这样，虽然得到老板及工人们的好感，但是仍然没有一个人提到录用他。

上世纪90年代初的公司，有许多订单纷纷被退回，理由都是产品的质量问题，为此公司蒙受了巨大的损失。为了挽救形势，公司董事会紧急召开了会议。会议进行了很长时间却没有眉目，这时史蒂芬闯入了会议室，提出要见总经理。

在工作会议上，史蒂芬对这一问题出现的原因做了令人信服的解释，并且就工程技术的问题提出自己的看法，随后拿出自己对产品的改造设计图。这个设计非常先进，恰到好处地保留了原来机械的优点，同时克服了出现的问题。

总经理及董事会的董事看到这个清洁工如此精明在行，便询问了他的背景及现状。这件事后，史蒂芬被聘为了公司负责生产技术问题的副总经理。

原来，史蒂芬在做清扫工时，利用清扫工到处走动的特点，细心观察了公司各部门的生产情况，并一一做了详细记录，发现了所存在的技术性问题并想出了解决的方法。为此，他花了近一年的时间搞设计，获得了大量的统计数据，为最后一次展示奠定了基础。

老子说："天下难事必做于易；天下大事必做于细。"要知道，志向无论多么远大，要实现它，也必须从一点一滴的小事做起。要想渡过人生的难关，要想成就高远宏大的事业，实现你的理想和追求，那么你就必须从最细小、最微不足道的地方做起。你必须要清楚，只有自己首先面对真实的社会和人生，社会和人生才会真实地面对你，你只有付出攀登险峰的艰辛，才能领略到那无限的风光。

能够自食其力、踏入社会的你已经过了幼稚的年龄，思想也日趋成熟。如果因立志不当而破坏了自己的一生，将永远无法挽回。人生路上，要紧处只有几步，立志便是其中关键的一步。因此，在立志前一定要细细思量，切莫让眼泪冲刷悔恨。

总之，要想让我们的人生规划能够准确地指导我们的人生发展，避免少走弯路，逐步实现人生目标，我们就需要从实际出发，设计适合自己的人生规划，千万不要这山望着那山高。从低处着手，更有利于目标的实现。

永远不要做空中梦想家

不要做空中梦想家，只有走好了脚下的路，才能找到通往更远地方的途径。每一天都踏踏实实地走好每一步，抛弃借口，不好高骛远也不自我否定，保持积极的心态、勤奋的态度，不断提出新的自我要求，才能盖起理想中的高楼。

依赖借口和想象的人总是眼高手低的，还没有学会走路，先要去跑步。事实上，最基础的也是最难的。基础是房屋的地基，房子能建多高，取决于地基的深度。基础的学习和积累是最乏味和辛苦的，它需要人们投入更多的耐心和努力。给自己找借口的人总以为凭借小聪明就可以不用下苦功，最后只能聪明反被聪明误，当理想的大厦几乎完工的时候，却因为地基深度不够而轰然倒塌。

有个人整天好吃懒做，梦想着有朝一日能投机取巧成为百万富翁。

他从报纸上看到在南太平洋的一个小岛上生活着一种人，这种人长得和现代人十分相似，唯一不同的就是他们只有一只眼睛。看

第五章
与其在虚浮中枯萎,不如在脚踏实地中绽放

到这个报道,他兴奋不已,心想:"如果我能抓到一个这样的人,然后每天带他到街上去展览一番,向参观的人收一定的费用,这样就可以赚很多很多的钱。"于是,他就策划如何抓住这样一个人。

这一天,他一个人划着小船来到这个小岛。那里有房屋、有街道,也有商店,还有展览馆,一切和现代社会无异,但如报上所说,这里所有的人都长着一只眼睛。于是,他躲藏在暗处,准备趁机抓住一个独眼人,然后带回去,那样他就可以发大财了。可是没想到他自己却被岛上的人发现了,那些独眼人看见他,就像看见一个怪物一样,他们从来没有见过长着两只眼睛的人。他们好奇地把他抓了起来,放在展览馆里供人们参观。展览馆的生意火爆异常,那些人靠这个长着两只眼睛的人成了百万富翁。

这个可怜的懒汉后悔自己来到这个太平洋的小岛上,他本以为自己很聪明,没想到却落到这个地步,早知今日何必当初呢?

在我们的现实生活中也是这样,许多投机取巧的人,大都成全了别人。切记,不找借口,不侥幸,努力奋斗,我们才能收获成功!梦想不是靠幻想出来的,不可能一夜间突然实现,同样也不会因为你投机取巧而成为现实。只有不断努力,才有机会实现梦想。

有两个人找到上帝,问道:"我们如何才能变成天使?"上帝对这两个人说,很远处有一座山,他希望两个人可以到那里考察,并把自己的感受告诉他。之后,他便把如何变成天使的秘诀告诉他们。两个人听完后便离去了,并约定10年后再与上帝相见。

这座山位于一座孤岛之上。两个人费尽千辛万苦来到了这里。

他们一起攀上了山顶,才发现这座山竟然是一片不毛之地,四周光秃秃的一片,没有一棵树,也没有一棵草,满眼只是坚硬的石头。第一个人看到后,认为自己受到了戏弄,千里迢迢地来到这里,却一无所获,于是愤然离去。而第二个人却相反。他见到此地如此荒凉,便到附近的山上采了各种各样的种子,然后把它们播撒在山上。慢慢地,山上泛出了淡淡的青绿,原来死气沉沉的地方逐渐现出了生机。他十分高兴,于是更加卖力地工作,10年时间,从未间断。

10年之后,上帝出现了,问两人有何感受。第一个人委屈地说:"我历尽千辛万苦到了那里,但见到的只是一堆光秃秃的石头。"上帝转过头去问第二个人,只见那个人神秘地一笑说:"不对,那是一座青山。"第一个人听到之后对上帝说:"他在撒谎,那里明明就是一块不毛之地。"

上帝没有说话,只是把他们带到了那里。令第一个人感到不可思议的是,他的眼前出现了一幅美景:青葱的树林、满山的果香,还有各种各样的动物在那里快乐地嬉戏,一片生机盎然的景象,他简直不敢相信自己的眼睛。这时,上帝指着第二个人对第一个人说:"看见了吧,这就是天使!"

第一个人后悔不已。但是他明白了一个道理:"只有肯付出努力,才能成为幸运的天使。"

一个人看见一只幼蝶在茧中拼命挣扎了很久,觉得它太辛苦了,出于怜悯,就用剪刀小心翼翼地将茧减掉一些,让它轻易地爬了出来。然而不久,这只幼蝶竟死掉了。因为幼蝶在茧中挣扎是生命过程中不可缺少的一部分,是为了让身体更加结实、翅膀更加有力,

第五章
与其在虚浮中枯萎，不如在脚踏实地中绽放

而这种投机取巧的方法、智慧，让其丧失了生存和飞翔的能力。

不做空中梦想家，就必须不给自己任何侥幸心理，不能投机取巧。伟大的人和平凡的人都有目标，伟大的人的目标是伟大的，但是平凡人的目标不一定是平凡的。为什么很多有着伟大目标的平凡人最终没有实现自己的理想呢？那是因为他们在人生的道路上依赖了借口，依赖了投机取巧，要么放弃了努力，要么就是没有找到正确的通往成功的道路。要想成为伟大的人，首先要有宏大的目标，只有明确了目标才有前进的动力；只有脚踏实地去做，才能避免理想成为空想。

坚持就是胜利

坚持，就是要有一种难能可贵的精神支柱，就是要有一种不被艰难而却步的心胸。认准一个目标走，认准一个理由坚持去做、去拼搏。努力了，奋斗了，结果就会喜人。

人的一生，道路坎坷不平，遇事千变万化，什么事都有可能发生，很多事都有让你头疼而无法下手之时。这就需要你有一个良好的心态，去面对、去克服、去挑战、去坚持。尤其是想做事，想要做大事的人，更需要"坚持"这两个字。

格儿是一个刚毕业的学生，因为只读了中专，求职之路变得异常艰辛。简历不知道投出了多少，却都石沉大海。但她并没有放弃，一直坚持着投简历，因为她知道如果不坚持的话，就连仅有的希望都没有了。

终于有一天，有一个人在电话里告诉她：下周一去他们公司面试。这使她又恢复了自信，唤起她的希望，她对生活又充满了美好的憧憬。后来她得知那是当地一家有名的企业，企业的实力十分雄

第五章
与其在虚浮中枯萎，不如在脚踏实地中绽放

厚，她不知道为什么幸运女神会眷顾自己。但是，当她知道她投的那个职位，居然有上百人应聘，而且群英荟萃的时候，她倒吸了一口凉气。"我或许只是走个过场吧。"她对自己说。

她又不甘心，既然已经坚持了那么久才等到机会，怎么能够放弃呢？她得为这次面试做好充分的准备。她首先是看了很多关于公司和公司所处行业的资料，而后对着镜子练习了好久表情，但是她突然发现：镜子中的自己，衣衫已经显得破旧了。一下子她的热情又黯淡了下去。于是，整个下午，格儿徘徊在一家服装店门前——她囊中羞涩，但是她还是鬼使神差地走进去了。受老板娘的热情感染，她试了一套比较鲜亮的时装。这时候，她冒出一个大胆的念头：先把这身衣服借下来，等面试完了以后再还给老板娘。想着想着，她径直走到微笑的老板娘面前，告诉她自己没有钱，但很想借这套衣服穿穿，因为这次应聘对她太重要了，关系到她的前程和生存问题，所以她苦苦地哀求。

老板娘听完她的意图后，脸上的微笑凝固了，直直盯着她。格儿心里很紧张，觉得被老板娘臭骂一顿是肯定不可避免的了。但是完全出乎意料，老板娘接过她作为借衣凭证的身份证，随后淡淡地嘱咐她别弄脏了。老板娘的这一举动，使她异常兴奋，当她拿到衣服将要跨出门时，老板娘却突然喊道："等一下。"格儿心头一沉，怕老板娘反悔了。心里正琢磨着，但她却没想到老板娘微笑着说："旅游鞋不配这套衣服，你把鞋再换一双吧。"

格儿听到这样的话后，感动得流下了眼泪，她知道幸运女神再一次眷顾了她。其实若她不坚持走进那家服装店，也不会再次得到

命运的青睐。

面试的日子总算到了,到了那家公司,看到一群身着制服的人,格儿显得有些拘谨。当她领到了90号的时候,觉得可能已经是希望渺茫了,人家也许在前面就已经决定了人选。格儿依然没有退缩,她觉得既然坚持到了这一步,就应该继续坚持,不然就前功尽弃了。

面对神情严肃的女经理,她充满自信,回答流畅,得到了女经理的认可。

第二天格儿就去公司上班了,经过格儿的坚持和她勤奋的表现,一个月后她成为公司不可缺少的精英。

有一天,经理问她应聘的时候穿的那套衣服为什么不穿了,她红着脸说:"那件衣服已经还了。"注重衣饰的女经理没再追问。其实面试那天,女经理就知道是怎么回事了,因为当时格儿穿的衣服上的标签还钉在衣服上……可是,幸运女神再次给了她惊喜。

面对苦难不仅要有信心,而且要坚持,坚持是一种无形的精神支柱。只要你没有失去坚持走下去的信心,就不会有做不成的事,就不会有实现不了的愿望。坚持吧!朋友。拥有了坚持,就拥有了一切,也就拥有了成功。

杰森是一家大公司的老板,每年利润就有上千万美元。虽然他的年龄早该退休了,但他依然每天都去工作,哪怕每天只去一个小时。杰森虽是公司的董事长,但对人很友善,从不发脾气,看见有人工作没做好,他就会用手拔出含在嘴里的大雪茄,说:"伙计,没关系。别灰心,再坚持一下,准能成功。"说完还拍拍对方的肩膀。他这种做法很得人心,也很受大家的欢迎,以致公司的员工有几天

第五章
与其在虚浮中枯萎,不如在脚踏实地中绽放

看不见他,还会惦记他。

一天,新产品开发部经理向杰森汇报:"董事长,真对不起,这次试验又失败了。这已经是第23次了,要不我们放弃吧。"经理眉头紧锁,一副无可奈何的样子。

"年轻人,别着急,坐下。"杰森微笑着说,"你遇到难题了吗?有时候事情就是这样,你屡干屡败,眼看没有希望了,但坚持一下,没准就能成功。我们要有不达目的誓不罢休的勇气,你说对吗?"

"董事长,我觉得我已经尽力了,而且,这么长时间光做这个研究,也没精力开展新项目,眼看就年底了,开发部还没有一点成绩,我也觉得过意不去,您看……要不,您是不是换个人?"经理的声音有些沙哑,眼里甚至有着悲哀的神情闪过。

"我让你做这个项目,我就相信你能搞成功。不要泄气,来,我给你讲个故事,然后你再决定是否坚持下去。"杰森吸了一口雪茄,缕缕青烟在他脸旁袅袅上升,他眯着眼睛开始讲起来:

"我也是个苦孩子,从小没受过教育。但我不甘心,一直在努力,终于在我31岁那年,发明了一种新型节能灯,这在当时可是个不小的轰动。但我是个穷光蛋,要将其投入到生产中,还需要一大笔资金。我好不容易说服了一个有钱人,他答应给我投资。但是,如果这个新型节能灯一投放市场,就会影响其他灯具的销路,所以有人暗中阻挠我。

"我那时还年轻,非常自信。可谁也没想到,就在我要与银行家签约的时候,我突然得了胆囊炎,住进了医院,大夫说必须做手术,否则就有生命危险。那些灯厂的人知道我得病的消息就在报纸上大

造舆论,说我得的是绝症,骗取他人的钱来治病。如此一来,那位银行家也半信半疑,甚至想放弃投资。更为严重的是,还有一家机构也在加紧研制这种节能灯,如果他们抢在我前头,一切就都完了!当时我躺在病床上万分焦急,没有办法,只能铤而走险,先不做手术,仍如期与那位有钱人见面。

"见面的那天,我让医生给我打了镇痛药。开始时,一切正常,我和有钱人谈笑风生,但时间一长,药劲过去了,我的肚子跟刀割一样疼。可我咬紧牙关,继续和有钱人周旋,希望能说服他下定决心给我投资。我心里只剩下一个念头:再坚持一下,成功与失败就在能不能挺住这一会儿。病痛终于在我强大的意志力下低头了,在银行家面前,我一点破绽也没露,完全取得了他的信任,最后我们终于签了约。

"可是,等我将他送上电梯后,电梯门刚一关上,我就扑通一下倒在地上,失去了知觉。幸亏我事先也预约了医生,他们冲过来,用担架将我抬走。后来据医生说,当时我的胆囊已经积脓,相当危险!经历过这件事后,我更明白了坚持对于成功的重要,我就靠着'不成功绝不罢休'的勇气一步步走到现在。"

杰森一口气将故事讲完,微笑地看着经理。

"董事长,您刚才讲得太动人了,从您身上我真的体会到了再坚持一下的精神。我回去重新设计,不成功,誓不罢休!"经理挺着胸,攥着拳,还没等杰森问他,就急切地说。

有些时候,也许只是少了那么一点点的坚持,成功就会与你擦肩而过。常言道:坚持就是胜利。人贵有坚持到底的毅力和勇气。

第五章
与其在虚浮中枯萎,不如在脚踏实地中绽放

请记住:坚持一下,再坚持一下,我们就能走出困境,取得成功。

办事时,一般最艰难的时刻,是最令人难以忍受的,同时也是最接近成功的时候。只要你不半途而废,不断总结失败的教训,成功很快就会到来。正如伟大的科学家诺贝尔所说:"坚忍不拔的勇气,是实现目标的过程中所不可缺少的条件。"

不积跬步,无以至千里

西方有句格言:"罗马不是一天建成的。"没有谁可以一口吃成胖子,也没有谁可以一步成就自己的辉煌。所有成功的质变都必须要有量变的积累。

因此,我们一定要让自己的努力达到量变的标准,才能实现最后的质变功效。也就是说,我们对自己的每一步努力都应该做好规划,如此一来,才能够实现自己的最终目标。

一只新组装好的小钟放在了两只旧钟之间。两只旧钟"嘀嗒""嘀嗒"……一分一秒地走着。其中一只旧钟对新来的小钟说:"来吧,你也该工作了。可是我有点担心,你摆完3153.6万次以后,恐怕会受不了。"

"天哪!3153.6万次。"小钟吃惊不已,"要我做这么大的事?办不到,绝对办不到。"

另一只旧钟说:"别听它胡说八道。不用害怕,你只要每秒摆一下就行了。"

第五章
与其在虚浮中枯萎,不如在脚踏实地中绽放

"天下竟有这样简单的事情?"小钟将信将疑,"不过,如果真是这样,那我就试试吧。"

小钟很轻松地每秒钟"嘀嗒"摆一下,不知不觉中,一年过去了,它摆了3153.6万次。小钟每秒只摆一下,的确是一件轻松简单的事,但正是这样的积累,让它在平凡中完成了一件不简单的事——摆完了3153.6万次。

其实,有时候,成功对于我们来说,并不一定非要什么惊天地泣鬼神的大事,只要我们努力做好每一件小事就可以了。一个人如果想成就自己的梦想,聪明才智、缜密策划固然不可少,可是只有把在脑子中的影像用行动展现出来的时候,他才可能"笑傲江湖"。记住一句话:旁观者的姓名永远爬不到比赛的计分板上。想成就大事业,就必须从简单的小事做起。

中国运动员刘翔能够在奥运会上摘金,就在于他十几年如一日地坚持练习单调的110米跨栏短跑,日积月累,最终在雅典奥运会上一举夺冠,创造了亚洲短距离赛跑的奇迹。

姚明之所以能够在NBA叱咤风云,在于他平时面对着篮筐上万次地重复着单调的投篮动作,才能够在赛场上技压群雄。

"杂交水稻之父"袁隆平,无论是在"文化大革命"之中,还是改革开放之后,从来不热衷于灯红酒绿的送往迎来,总是穿着一套农民装,跟农民一起在实验田里侍弄庄稼。几十年如一日,一代一代地优化品种,不断地培育出优质高产杂交水稻,为解决全中国十几亿人民的吃饭问题做出了贡献,创造了史无前例的人间奇迹。

什么是奇迹?奇迹首先是勤于积累、循序渐进、不休不止,简

单的事情认真做。只有持之以恒地努力，从简单的事情做起，从细微之处入手，认真做好每个细节，才会离成功越来越近。

在1984年的东京国际马拉松邀请赛上，一位名不见经传的日本人出人意料地夺得了世界冠军。当记者问他凭什么取胜时，他说是凭智慧，当时许多人认为这纯属偶然。

可是，两年后在意大利的国际马拉松邀请赛上，他再一次夺冠。记者再次请他谈经验时，他还是那句话：用智慧战胜对手。

10年后，他在自传中说："每次比赛前，我都要乘车把比赛的线路仔细看一遍，并画下沿途比较醒目的标志，比如第一个标志是银行，第二个标志是红房子……这样一直画到赛程终点。比赛开始后，我以合适的速度奋力向第一个目标冲去；等到达第一个目标后，我又以同样的速度向第二个目标冲去……40多公里的赛程，就被我分成这么8个小目标轻松完成了。最初，我并不懂这样的道理。我把目标定在40公里外的终点线上，结果我跑到十几公里就疲惫不堪了，我被前面那段遥远的路程给吓倒了。"

我们做事之所以经常会半途而废，并不是因为难度太大，而是因为心理作用的结果。许多时候我们认为自己离成功还很远，看到自己离山顶还有很远一段距离时，我们就有了畏惧心理，正是这种心理上的因素导致了我们的放弃。

而当我们把长期目标分解成若干个小目标并逐一跨越时，我们就会感觉轻松许多，并且当目标具体化并清晰可见时，我们也知道自己该做什么，怎样能做得更好，这就很有利于我们的成功。

很多年前，有一支国际性的探险队要攀登梅特隆山北麓，这是

第五章
与其在虚浮中枯萎,不如在脚踏实地中绽放

前所未有的壮举。记者们前去采访这些来自世界各地的探险队员。

一位记者问这群队员中的一个说:"请问你对自己的举动有什么想法呢?"那人回答说:"我会为它付出一切。"另一位记者也以同样的问题问第二位队员,这位登山队员回答说:"我会尽最大的努力。"第三个登山队员也被问到,他的回答是:"我很高兴,而且会好好努力。"最后,有位记者问一位年轻的美国人,这位美国人朝他看了一下,然后说:"我想我能成功攀登梅特隆山的北麓。"

结果,最后只有一个人登上了顶峰,他就是那位年轻的美国人,因为只有他的心中有一个具体的目标,并且他是一直瞄准目标在前进的。

人生是一步步走出来的,成功是一点一点地积累起来的。不要总是看着那个目标做梦,也不要不择路径地向那个目标进发,选对了前进的方向之后,冷静地走自己的路,慢慢地向目标迈进,我们才可能登上成功的巅峰。

古人云:"不积跬步,无以至千里;不积小流,无以成江海。"成功从来都不是一蹴而就的,成功需要不断积累。智者善于以小见大,从平淡无奇的琐事中参悟出深邃的哲理。他们不会将处理琐碎的小事当作一种负担,而是当作一种经验的积累过程,当作成就宏图伟业的前奏。可见,从小处着手,把小事做好,才有机会成就大事。

严格要求自己,做个细心的人

一位著名作家说过:"无论做什么事情,都应该尽心尽力,一丝不苟。这是因为,究竟什么才事关真正的大局,究竟什么才是最重要的,这一点其实我们也不是很清楚。也许在我们眼里微不足道的小事,实际上却可能生死攸关。"所以,要用细心的态度对待每件事情。

第二次世界大战中期,有一个发生在美国空军和降落伞制造商之间的真实故事。

当时,降落伞的安全性能不够。在厂商的努力下,合格率已经提升到99.9%,仍然还差一点点。军方要求产品的合格率必须达到100%。对此,厂商不以为然。他们认为,没有必要再改进,能够达到这个程度已接近完美了。他们一再强调,任何产品不可能达到绝对100%的合格,除非出现奇迹。

不妨想想,99.9%的合格率,就意味着每一千个伞兵中,会有一个人因为跳伞而送命。后来,军方改变检查质量的方法,决定从

第五章
与其在虚浮中枯萎，不如在脚踏实地中绽放

厂商前一周交货的降落伞中随机挑出一个，让厂商负责人装备上身后，亲自从飞机上跳下。这个方法实施后，奇迹出现了：不合格率立刻变成了零。

做人要细心一点，才能发现问题、把握机会，从而让自己走向成功。在今天这个快节奏的时代里，尤其需要我们身体力行，千万不要放纵自己的浮躁和粗心的坏毛病。因为，也许正是这一个小小的不细心，就有可能酿成大错。一个质量不过关的轮子会毁了飞机上所有的人，一个错误的标点会带来极大的财产损失，一个设计上的小小错误会使一座大桥塌陷……这样的教训太多了，我们应该引以为戒。

著名文学家胡适在《差不多先生传》中虚构了"差不多先生"这样一个人物，他代表了一种做事差不多就行、不追求更高境界的作风。胡适写道：

"你知道中国最有名的人是谁？提起此人可谓无人不知。他姓差，名不多，是各省各县各村人氏。你一定见过他，也一定听别人说起过他。差不多先生的名字天天挂在大家的口头上，因为他是全国人的代表。

"差不多先生的相貌和你我都差不多，他有一双眼睛，但看得不很清楚；有两只耳朵，但听得不很分明；有鼻子和嘴，但他对于气味和口味都不很讲究；他的脑子也不小，但他的记忆却不很精明，他的思想也不很缜密。他常常说：'凡事只要差不多就好了，何必太精明呢？'"

也许在生活中，"差不多先生"对样样事情都看得破、想得开、

不计较。不过在职场上,"差不多"的心态却是必须杜绝的,因为每个员工都是团队的一分子,如果每个人都是"差不多",不仅会导致组织难以获得利润,甚至还会因不慎造成重大事故。

因此,我们做任何工作,都要认真负责,对自己严格要求,尽我所能,做到尽善尽美。每一项工作,都一定要多问自己几次,真的可以"差不多"了便交差吗?自己认为所差的那一小点,会带给自己、公司或顾客什么损失呢?

粗心、懒散、草率等字眼,正是工作不负责任的表现。在工作中,没有人会欣赏敷衍了事的人,不论是上司、同事,还是下属。敷衍甚至比不忠诚、不勇敢更有杀伤力,因为它直接影响一个人的灵魂,损害一个人的责任感,损害一个人的敬业意识和诚实精神,而这些正是一个人立足职场并做出成绩的基础和保障。要知道,敷衍工作就是敷衍自己;认真工作才能成就自己。

著名的文学翻译家、艺术评论家傅雷是一个一生都认认真真的人。他一生致力于外国文学,特别是法国文学的翻译,先后翻译了伏尔泰、巴尔扎克、罗曼·罗兰等人的作品33部。他还写了不少文艺和社会评论作品。他写给儿子的家书结集出版后受到广大读者的喜爱。傅雷为人的一个突出特点,就是"认真"。《高老头》这部巴尔扎克的著名作品,他在抗战时期就已译出,1952年他又重译一遍,1963年又第三次修改。他翻译罗曼·罗兰的《约翰·克利斯朵夫》,从1936年到1939年,花了整整3年时间。上世纪50年代初,他又把这部上百万字名著的译稿推倒重译,而当时他正肺病复发、体力不支。他这样做,就是要精益求精,把最好的译作奉献给读者。

第五章
与其在虚浮中枯萎，不如在脚踏实地中绽放

对生活中的其他方面，傅雷也十分严谨和认真。在他宽大的写字台上，烟灰缸总是放在右前方，而砚台则放在左前方，中间放着印有"疾风迅雨楼"的直行稿纸，左边是外文原著，右边是外文词典。这种井然有序的布局，多少年都没有变过。他家的热水瓶，把手一律朝右。水倒光了，空瓶放到"排尾"，灌开水时，从"排尾"灌起。他家的日历，每天由保姆撕去一张。一天，他的夫人顺手撕下一张，他看见后，赶紧用糨糊把撕下的那张贴上。他说："等会儿保姆再来撕一张，日期就不对了。"他自己洗印照片，自备天平，自配显影剂和定影剂；他称药时严格按配方标准，尽管稍多稍少无伤大局，但他还是一丝不苟。有一次，儿子傅聪从国外来信，信中"松""高""聪"等字写得不够规范，他便专门写信给儿子，逐一进行纠正。

成功之所以不容易获得，原因在于它是由许多小事构成的。但最基本的是要心态成熟、做事成熟，像故事中的傅雷那样，无论多小的事，都要认真地做。在生活和工作中，只有努力地让自己成为一个认真的人，成功才会离我们越来越近。

只有对自己要求严格，与"差不多先生"绝交，才能真正明白什么是责任，才能下决心把工作做到最好。喜欢敷衍的人应该明白，"天上不会掉馅饼"，即使侥幸占过那么一两次小便宜，长此以往必然害了自己。

第六章

做事要循序渐进,不可以贪快

在生活中,无论做什么事情,都得一步一步来,按部就班,不可能不经过耕耘就有收获。为人处世要有坚实的根基,如果没有,事业就会处于风雨飘摇之中,成功和理想也最终成为"空中楼阁"。

制订计划，做事才能有条不紊

办事需要有一定的套路，这其中就少不了对全局进行分析，因地制宜地做出可行的计划，达到成功的目的。没有明确的办事计划，就难以取得好的办事效果。从古至今，大事小事皆如此。一般来说，计划是行动之母，而行动就是办事成功之母。

20世纪60年代，印度的帕特尔开始了他的创业生涯。创业之初，帕特尔利用自己的专长，利用简陋的设备，生产出一种成本极其低廉的洗衣粉，并且把这种洗衣粉命名为尼尔玛。为了打开销路，帕特尔四处奔波，试图在竞争激烈的市场上分得一杯羹。

但由于生产规模较小，竞争力相对低，而且当时的印度洗衣粉完全由印达斯坦·勒维尔公司独占着。勒维尔公司在全世界都设有分公司，实力极其雄厚，该公司的业务范围相当广泛，它所生产的冲浪牌洗衣粉，在印度洗涤市场一直占据着统治地位。

帕特尔经过仔细考察了一阶段后，综观全局，根据市场的情况做出了一套完整的计划。当时，勒维尔公司生产的产品主要针对有

第六章
做事要循序渐进，不可以贪快

钱人。当然，有钱人也占据着市场的一大部分。帕特尔就根据这一点，决定以中下层人民作为消费者，打开初级市场。他制订了这样一套计划：一是坚持薄利多销；二是逐步加大市场份额；三是做好广告，冲击高端产品。

公司按照这个系统的计划，果然取得了很大的成就。在薄利多销的经营思维下，帕特尔为自己赢得越来越多的客户，那些中下层家庭主妇更是把帕特尔公司生产的洗衣粉看成是生活中不可或缺的好伴侣。大多数消费者认为帕特尔的洗衣粉不但优质而且优价，所以人们都纷纷购买。

与此同时，公司也在不断推出新产品。20世纪80年代中期，帕特尔公司又根据市场的需求，先后推出块状洗衣皂和香皂。当这两种产品刚刚投入市场时，购买者趋之若鹜。为此，公司迅速增大产量，显示出广阔的发展前景。而且，这些新产品逐步对勒维尔公司造成了严重的威胁。

1988年，公司生产的尼尔玛牌洗衣粉，销售额达到50万吨。而它的主要竞争对手——勒维尔公司已经被他远远地抛在了后面，他们生产的冲浪牌洗衣粉，只售出20万吨。

仅仅过了20年，这个小小的工棚一跃成为印度最大的私营企业之一，而帕特尔也摇身一变，由一个蹬着自行车上门送货的小商人，变成一个拥有巨资的公司总裁。

帕特尔的成功为我们提供了处事的经验：如果想成功，那么你首先要有综观全局的本事，再根据这一信息做好完整的计划。

做事没有计划、没有条理的人，无论从事哪一行都不可能取得

成绩。一个在商界颇有名气的经纪人,把"做事没有条理"列为许多公司失败的一个重要原因。事实上,做事有计划对于一个人来说,不仅是一种做事的习惯,更重要的是反映了他的做事态度,是能否取得成就的重要因素。

孟尝君是战国时期齐国的名门贵族,几度出任相职,声望显赫。据说有一次因为与齐闵王意见不合,一气之下他辞去相职回到了薛地。当时,南方大国楚国却正在准备举兵攻薛。薛地危在旦夕。紧要关头,孟尝君决定向与自己私交甚笃的齐国大夫淳于髡求援:"我薛地弹丸之地,楚兵一旦来攻,后果将不堪设想。请君助我!"

当时淳于髡很干脆地答应了:"承蒙不弃,我去找齐闵王相助。"淳于髡随后又仔细想了想事情的来龙去脉,心想:如果直接让闵王救薛地,闵王肯定不出手相救;如果他不去救薛地,楚国占领这块地方后,就会对齐国造成威胁,从而危及自己。薛地是一定要救的,关键是怎么说服闵王。这样,有了全局观念后,他制订了一套说服闵王的完整计划。

起初,他让孟尝君赶紧召集人员,建筑一座祭拜祖先的寺庙,规模越大越好。随后,他速速赶到齐国,进宫觐见闵王。汇报完公务后,他等着闵王问他关于楚国的情况。

果然,闵王问道:"楚国的情况如何?"

这时的淳于髡一脸沉重,说:"事情很糟。楚国自恃强大,以强凌弱,总在谋划攻击别国;而薛地呢,也不自量力……"谈及薛地时,淳于髡故意不露痕迹。

闵王听后,紧接着就问:"薛地怎么样?"

第六章
做事要循序渐进，不可以贪快

淳于髡抓住这个机会，说："薛地对自己的力量缺乏分析，没有远虑，建筑了一座祭拜祖先的寺庙，规模宏大，却不问自己是否有保卫它的能力。目前楚王准备出兵攻击这一寺庙，真不知后果会怎样。处境非常危险。所以我说薛不自量力，楚也太霸道。"

闵王听后，连忙点头赞赏："原来薛地有那么大的寺庙！"随即下令派兵救薛地。守护先祖之寺庙，是国君最大义务之一。为了保护祖先寺庙就必须出兵救薛，薛地的危机就是齐国的危机，在这种危机面前，闵王就完全不再计较与孟尝君的个人恩怨了。而淳于髡就是利用了这一点，先让孟尝君建筑寺庙，再去说服闵王，达到了目的。

胸中有大局，就不会被眼前迷雾所惑。要做出准确的判断，并非是一件轻而易举的事。这其中的关键是要有掌控全局的能力，要有能在整个局势中盘算出有利于办事的点子。能够"盘算整个局势"，能够看出整个事情发展的大方向，并知道如何"照这个方向去做"，才能使自己立于不败之地。这才叫看得准。

没有成功的人通常没有计划，所以有人说："没有计划，就是正在计划失败。"你是否也正在计划失败呢？当然，没有人愿意计划失败，那么，你就要学会综观全局的本事，并根据实际情况做出计划。如此，你才有成功的可能。

做事有条理，才能有效率

有组织有条理的人做事就会高效，因为他们对自己的感官、理性和判断力都充满自信。同时，做事讲究条理，做生活的有心人，可以帮助我们赢得更多的成功机会。

被英特尔内部人士戏称为"清洁先生"的葛鲁夫非常讲究条理。英特尔公司有一项纪律检查制度，特别强调工作场所的物品摆放的条理性和清洁卫生。葛鲁夫带头执行这一制度，后来扩大到市场主管，他们定期到公司各处巡视，从传达室中的文件架到董事会的会议室，什么都要进行仔细检查，发现什么东西摆放得不对，就下令立刻将其整理好。

葛鲁夫坚信，整洁有条理的办公桌能够反映一个人做事的效率。有时候葛鲁夫亲自参加巡查，检查人员还为各个办公区域的情况打分。如果一个办公室连续数次分数都不及格，"清洁先生"就会亲自到场督促工作人员整理好办公室，同时公布该办公室不及格的分数，直到状况好转，分数及格为止。

第六章
做事要循序渐进，不可以贪快

不成功的人有各种各样不同的性格，成功的人却总是拥有很多共同的特点。

罗伯特·普拉萨是世界著名的投资专家，多家世界级大公司成功并购就出自他之手。他曾透露，当他准备考虑收购一家公司或企业时，"条理和整洁"是他考虑的一项重要指标。他认为，一家公司的诸多情况可以从大厅的整洁与否得到有关信息：地毯是否干净？壁纸、油漆是否有新刮痕？烟灰缸是否装满了烟灰？报纸杂志是否勤更换？如果一栋建筑物看起来杂乱无章，通常可以表明这家公司其他方面也一样缺乏有效的管理。在他看来，脏乱差就是一项警讯。

葛鲁夫和罗伯特·普拉萨的成功得益于一个共同特点，那就是做事讲究整洁和条理。经验丰富的秘书和汽车机械修理师都知道整洁带来的巨大方便，无论是卷宗、文件，还是档案材料，如果分门别类地放置，日后就可以省去很多查找的时间和麻烦。机械修理师要争分夺秒地排除故障，修理工具排放在一个个规格不一的盒子里或套子里，他们就可以只盯着正在修理的机器或零件，而不必为找工具而分心；工作完成后，他们也会及时物归原处。

可见，有计划、有条理何等重要。

有一个商人，在小镇上做了十几年的生意，到后来，他竟然失败了。当一位债主跑来向他要债的时候，这位可怜的商人正在思考自己失败的原因。

商人问债主："我为什么会失败呢？难道是我对顾客不热情、不客气吗？"

债主说："也许事情并没有你想象得那么可怕，你不是还有许多

资产吗?你完全可以从头做起!"

"什么?从头做起?"商人有些生气。

"是的,你应该把你目前经营的情况列在一张资产负债表上,好好清算一下,然后从头做起。"债主好意劝道。

"你的意思是要我把所有的资产和负债项目详细核算一下,列出一张表格吗?是要把门面、地板、桌椅、橱柜、窗户都重新洗刷、油漆一下,重新开张吗?"商人有些纳闷。

"是的,你现在最需要的就是按你的计划去办事。"债主坚定地说道。

"事实上,这些事情我早在15年前就想做了,但是一直没有去做。也许你说的是对的。"商人喃喃自语道。后来,他确实按债主的主意去做了,在晚年的时候,他的生意成功了!

杰克·韦尔奇将"做事没有条理"列为许多公司缺乏效益的一大重要原因。如果办事不得当、工作没有计划、缺乏条理,浪费大量的精力和体力,最后还是无所成就。做事没有秩序、没有条理的人,无论做什么工作都没有成功可言。而有条理有秩序的人,即使才能平庸,他的事业也往往可以有相当的成就。

很多成功人士都是高效率的人,他们早就明白整洁可以节约时间,提高工作效率。我们也应该要求自己在生活和工作中的条理和整洁,从现在开始行动,注意次序和整洁,这会使我们节约很多宝贵的时间,提高工作效率。

第六章
做事要循序渐进，不可以贪快

避免陷入"瞎忙"的陷阱

时间是人生最初的财富，同时也是世界上最公平的东西，富人和穷人每天所分配的时间都是 24 小时。只不过有的人会善加利用，有的人任意挥霍。所以，有的人走向了成功，有的人一生碌碌无为。

人在工作中难免会被各种琐事、杂事纠缠。不少人由于不能高效地管理好自己的工作时间，整天忙得筋疲力尽、心烦意乱。他们不仅腾不出时间做最该做的事，有时还被那些看似急迫的事所蒙蔽，根本就不知道哪些是自己最应该做的事，结果天天忙忙碌碌，月月碌碌无为，白白浪费了大好时光。

一位世界 500 强企业的老总曾说："我不喜欢看见报纸、杂志和闲书在办公时间出现在员工的办公桌上。我认为这样做表明他并不把公司的事情当回事，他只是在混日子。如果你暂时没事可做，为什么不去帮助那些需要帮助的同事呢？"

会不会利用时间不是单纯地看某个人在工作时间内是不是忙个不停。有很多人，从早忙到晚，不但在工作时间忙个不停，而且经

常加班加点。表面上看,他好像很努力,很会利用时间,但事实上并非如此。很多从早到晚忙个不停的人的工作绩效并不突出,有些还相当低。你要问他们为什么?"事情太多""忙不过来""没时间",他们肯定会这么回答,然而事实并非如此。

有个学生向老师抱怨说:"我的时间总不够用。"于是,老师找来一只箱子,里面放了些大石头,此时箱子看来是满的。但是老师又让学生放一些弹珠进去,石头的缝隙中竟可以放许多弹珠。这样一来,似乎箱子又满了。但是老师又要学生倒入一桶细沙,等细沙也塞不下时,居然还可以倒入一盆水。

最后老师对学生说:"你看到箱子满了,但却仍然可以再放入东西。你似乎觉得时间已排得满满的,但其中还有一些闲散的时间可以利用。"

在生活中,事情是很多的,时间却是有限的。不会合理地利用时间,计划再好,目标再高,能力再强,也不会产生好的结果。一个人在时间管理上表现无能,在工作上必然也会表现无能。

时间是世界上一切成就的土壤。时间给把握不住它的人痛苦,给牢牢将它攥在手心的人幸福。所以,一个人要想使自己优秀,必须要学会管理好自己的时间。不被动地让时间牵着鼻子走,而是主动地把握时间、规划时间,让有限的时间发挥最大的效用。

美国一家公司的董事长赖福林就是一个有效利用时间的能手。他每天清晨6点之前准时来到办公室,先是默读15分钟经营管理哲学的书籍;然后便全神贯注地思考本年度内必须完成的重要工作,以及所需采取的措施和必要的制度;接着开始考虑一周的工作,这

第六章
做事要循序渐进,不可以贪快

是一项十分重要的程序,他把本周内所要做的事情一一列在黑板上;之后在去餐厅与秘书一起喝咖啡时,把这些考虑好的事情——小至职工的孩子入托,大到公司的大政方针和计划,几乎他认为重要的事情都一起商量一番,然后做出决定,由秘书具体操办。

赖福林的时间管理法,极大地提高了自己的工作效率,推动了企业整体绩效的提高。

著名的80/20定律告诉我们:应该用80%的时间做能带来最高回报的事情,而用20%的时间做其他事情。把这个定律融入到工作当中,对最具价值的工作投入充分的时间,就可使自己避免陷入"瞎忙"的陷阱。

那么,我们到底要怎么做,才能避免陷入"瞎忙"的陷阱呢?

(1)正确处理突如其来的杂事。对待突然插过来的无关紧要的电话、突然出现在桌上的文件等杂事小事,要敢于说"NO",或者暂时放到一边,别打乱了自己的工作思路和计划。

(2)要会用合并同类项的方法做事。在同一时间段里,把几件事情的发生地点都圈在同一区域内,尽可能搭顺风车,也可以利用别人提供的顺便机会,如搭客户A的车去见客户B,少走弯路,减少无谓的时间消耗。

(3)要专事专办。在做一些重要而棘手的事时,专门设立一个时间段,在这个时间段内,要避免打扰,更不能改变初衷去做别的事。事情总要一件一件地做,先集中精力做好一件事,然后再去做下一件事,这样才能保持头脑清醒。

(4)要充分利用时间。使每一分钟都有所收益,还要学会与浪

费时间的人划清界限。有些人总是整天无所事事，若你参与他们的无聊闲谈，就休想成为一名有效利用时间的高手。如果有人找来，希望和你聊上一阵，可以直截了当地拒绝他，让他明白现在不是闲聊的时间。

大多数重大目标无法达成的主因，就是因为人们把大多数时间都花在次要的事情上。所以，必须建立起主次顺序，然后坚守这个原则。事实证明，要想有效管理自己的时间，就要分清主次，有计划地做事。对一天的工作，要先进行整理，看看哪些是既重要又紧急的，哪些是重要而不紧急的，哪些是不重要而紧急的，哪些是既不重要也不紧急的，分清事情的主次，该先做哪件事，后做哪件事，做到有的放矢，从容不迫。如此一来，才不会"瞎忙"，才能提高时间的利用效率。

第六章
做事要循序渐进，不可以贪快

做事要找到关键所在

　　人生就像一场旅行。有笔直前行的道路，也有令人左右为难的转弯路口，选择正确的方向，对于旅行者来说尤为重要。这就像印第安人做箭一样，把握住了"将箭杆削直"这个关键的环节，其他的问题便可迎刃而解。

　　不管做什么事情，我们都要先找到重点。在生活中做事高效率的人都善于抓住事情的关键点，从而找到解决问题的方法。因为找到了事情的关键点，就找到了解决问题的钥匙，所有难题的解决也就能水到渠成了。

　　有个公司因为一台电机出现故障而停产，于是请了一位电机工程师前来修理。那位工程师在电机旁边待了三天三夜，最后在那个出现故障的电机某个部位用粉笔画了一道。在这个工程师的指导下，维修人员把这里打开修理，机器很快恢复了正常。事后，那位工程师向公司要1万美元作为酬金。公司对这么多的酬金表示很难接受，对那位工程师讲："你只画了一道，怎么会值1万美元？"

那位工程师认真地说:"随手画一道只需要支付1美元,而知道在哪个关键部位去画,却需要支付9999美元。"

正如这位工程师所说,解决问题的关键就在于找到事情的关键点,这就是做事效率高低的关键所在。如果找到了事情的关键点,对症下药,难题就可以迎刃而解。相反,如果找不到解决问题的关键,而只是到处乱撞,就不可能提高解决问题的效率。

1943年以前,大西洋上英美运输船队经常受到德国潜艇的袭击。当时,英美两军限于实力,无力增派更多的护航舰,这使得德军气焰更加嚣张,袭击更加猛烈。而英美只能望洋兴叹,无力改变这种局面。因此,一时间,德军的潜艇战使英美盟军焦头烂额,英美盟军不得不重新思考别的办法,以便与德军对抗。

为此,有位美国海军将领专门去请教几位数学家,数学家们运用概率论展开了详细分析和思考。最后终于发现,舰队与敌人潜艇相遇是一个随机事件,从数学角度来看这一问题,它具有一定的规律。一定数量的船,编队规模越小,编次就越多,编次越多,与敌人相遇的概率就会越大,这样就很不利于英美盟军的运输。

这就说明了一个最为关键的问题:要尽量减少编次,来避免德军的袭击,降低运输船只的损失。英美海军当时也没有更好的办法,只得接受数学家的这种建议,命令舰队在指定的海域内集合,再集体通过危险的海域,不能分头行驶,然后再各自驶向预定的港口。

一切都在按原计划进行,结果奇迹出现了:英美盟军舰队在经过最危险的区域时,遭受德军袭击后被击沉的概率竟由原来的25%降低为1%,大大减少了损失,保证了物资的及时供应。正是这批物

第六章
做事要循序渐进，不可以贪快

资的及时到来，大大增加了英美盟军的作战能力，使战争的局势很快由被动转为主动，取得了最后的胜利。也正因此，那几位数学家受到美国军方的高度赞扬。

数学家本不懂军事，却能够解决这个复杂的军事问题，就是因为他们用独特的眼光找到了问题的关键点。要提高做事的效率，仅仅靠双手的努力是不够的，还应该有睿智的头脑，能够抓住问题的关键所在。做事效率低的人在处理日常生活的方方面面时，往往分不清哪个更重要，哪个更紧急，哪个是关键点，哪个是次要问题。他们认为每个任务都是一样的，只要把时间忙忙碌碌地打发掉，就会解决所有的问题。事实上，每一个问题都有它最为关键、最为重要的内容，如果能够抓住问题的关键点，会比只是忙忙碌碌地埋头苦干有效得多。

所以，要提高我们的做事效率，就要在做一件事情之前，先根据我们已有的认识、经验和条件做出一系列的判断。也就是说，我们要找到解决这件事情的关键点或者矛盾点是什么。从关键点入手，那么就能轻松地解决问题了。

重要的事,放在前面去做

在生活中,我们经常会被许多无谓的小事所困扰,将人生沉埋于这些琐碎的事情之中,到头来,往往忽略了去做那些真正对自己重要的事情。

要知道,每个人的精力和时间是有限的,每件事情的重要程度也是不相同的,我们必须清醒地认识到哪些事情是最重要的,哪些事情是关键的,把最重要的事和关键的事放在前面去做。那么,为什么重要的事情要先做?我们先讲一个故事。

你面前有一个大桶,左边有一些小石头,右边有一些大石头。问你是先装大石头,还是小石头?

让我们做一个实验吧!我们先装小石头,再装大石头,结果是:小石头放进去后,大石头却放不进去了。好,我们换一种方法,先装大石头,再装小石头,结果是:不仅大石头放了进去,小石头也全部顺利放进去了。

两个结果你更希望见到哪一个呢?啊哈!这就是:重要的事情

第六章
做事要循序渐进，不可以贪快

要先做！大石头好比是重要的事情，小石头好比是琐碎的事情，我们先装"大石头"再装"小石头"，就会装下更多的"石头"。

读完故事，我们再留心生活，就会发现一个事实：总是那些20%的客户带来80%的业绩，世界上80%的财富被20%的人掌握，世界上80%的人只分享了20%的财富。做事也是一样，我们每天处理的事情当中，只有20%的事情才是重点问题，这20%的事情决定了80%的结果，这就是所谓的"帕累托法则"，也叫"二八法则"。

做事高效的人懂得，他们必须要完成许多工作，但并不是每件工作都可以达到一定的效果。因此，他们会集中一切资源以及所有的时间和精力，坚持把重要的事情放在前面去做。

美国伯利恒钢铁公司总裁查理斯·舒瓦普向效率专家艾维·利请教"如何更好地执行计划"的方法。

艾维·利声称可以在10分钟内给舒瓦普一个建议，这建议能把他公司的业绩提高50%。艾维·利递给舒瓦普一张空白纸，说："请在这张纸上写下你明天要做的6件最重要的事。"

舒瓦普用了5分钟就写完了6件最重要的事。

艾维·利接着说："现在用数字标明每件事情对于你和你公司的重要性的次序。"

舒瓦普又花了5分钟标明了6件事的顺序。

艾维·利说："好了，把这张纸放进口袋，明天早上你第一件事就是把纸条拿出来，做第一项最重要的事情。不要看其他的，只是第一项；着手办第一件事，直到完成为止。然后用同样的方法对待第二项、第三项……直到你下班为止。如果只做完第一件事，那也

不要紧，你总是在做最重要的事情。"

艾维·利最后说："每天都是这样做——您刚才看见了，只用10分钟时间——你对这种方法的价值深信不疑之后，叫你公司的人也这样干。这个试验你想做多久就做多久，然后给我寄张支票来，你认为值多少就给我多少。"

一个月之后，舒瓦普给艾维·利寄去一张2.5万美元的支票，还有一封信。信上说，那是他一生中最有价值的一课。

5年之后，这个当年不为人知的小钢铁厂一跃成为世界上最大的独立钢铁公司。人们认为，艾维·利提出的方法功不可没。

舒瓦普也常对朋友说："艾维·利教会了我和整个团队坚持拣最重要的事情先做，我认为这是我的公司多年来最有价值的一笔投资！"

人的精力和时间是有限的，每件事情的重要程度也是不相同的。很多人因为在有限的时间里做了太多不重要的事，以致挤走了做重要事情的时间。查理斯·舒瓦普的成功在于他能按事情重要程度的次序来做事，能够先解决重要的事情，也就把握住了事情的关键。

在现实生活中，我们常常能看到人性的一个弱点：避重就轻。虽然知道哪个更重要，但总会找到各种借口和理由去躲避它。这样做只会降低我们做事的效率。相反，如果我们能够集中精力处理工作中比较重要的那部分，先解决全部工作的重点，就可以节约很多时间。

人的生命短暂，时间有限，我们必须清醒地认识到哪些事情是最重要的，哪些事情是关键的。只有分清事情的轻重缓急，先做那

第六章
做事要循序渐进,不可以贪快

些对自己使命而言最重要的事情,才不会捡了芝麻丢了西瓜。为了我们事业的发展,我们也要根据事情的轻重缓急,制订出一个处理事情的顺序表来。然后根据这个顺序表,首先做最重要的事情,这样会更有利于我们提高效率,向自己的目标前进。

第七章

为实现目标而做的努力，都是谨慎而冷静的

很多人在生活中都有麻痹大意的毛病，这对自己而言是没有任何益处的。曾国藩曾说过"先晓事，后办事"，就是告诉我们：想做什么事情，都要考虑清楚了再做，该做哪些事、不该做哪些事，一定要想清楚才行。在人生路上，只有谨慎行事，三思而后行，才能逐步走向成功。

力戒浮躁，才能成就大事

古语云："浮躁一分，到处便遭悔恨；诱惑二字，从来误尽英雄。"可见，浮躁之气的确害人不浅。天下成大事者，无不是专一而行、专心而攻。博大自然不错，精深才能成事，无论做什么事都不可能毫不费力就取得成功，急于求成，办事浮躁，结果只能是害了自己。所以要成大事就必须戒除轻浮，稳重行事。

古时候，有一个宋国人靠种庄稼为生。他和妻子一起过着贫穷的生活。他长年累月都在田地里辛勤劳作，收获勉强能维持一家人的温饱。他天天都必须到地里去劳动，太阳当空的时候，宋国人头上豆大的汗珠直往下掉，浑身的衣衫被汗浸得透湿，但他却不得不顶着烈日弓着身子插秧。下大雨的时候，也没有地方可躲避，宋国人只好冒着雨在田间犁地，雨打得他抬不起头来，和着汗水一起往下淌。

就这样日复一日，每当劳动了一天，宋国人回到家以后，便累得一动也不想动，连话也懒得说一句。宋国人觉得真是辛苦极了。

第七章
为实现目标而做的努力,都是谨慎而冷静的

更令他心烦的是,天天扛着锄头去田里累死累活,但是不解人意的庄稼,似乎一点也没有长高,真让人着急。

有一天,宋国人耕了很久的地,坐在田埂上休息。他望着大得好像没有边的庄稼地,不禁一阵焦急又涌上心头。他自言自语地说:"庄稼呀,你们知道我每天种地有多辛苦吗?为什么你们一点都不体谅我,不快快长高呢?快长高、快长高……"他一边念叨,一边不经意地用手去拔身边的野草。他轻轻一扯,草就被扯出来了一截,但是还没有完全被拔出来,草一下子比原先显得高了不少。

宋国人望着长高的草出神,突然,他的脑子里蹦出一个主意:"对呀,我原来怎么没想到,就这么办!"宋国人顿时来劲了,挽起裤脚,一跃而起下田开始干了起来,忙到太阳下山,他终于干完了。他艰难地直起腰,捶了捶酸疼的腰,心里美滋滋地回家了。

他一进门就兴奋地对妻子说:"今天可把我累坏了!我把每一根庄稼都拔出来了一些,它们一下子就长高了这么多……"他边说边比画着。"什么?你……"宋国人的妻子大吃一惊,非常着急地对宋人说,"禾苗怎么能去拔高呢?弄不好禾苗都会死掉的呀!"说完,她就赶紧提了盏灯笼深一脚浅一脚地跑到田里去看。可是已经晚了,可怜的禾苗都已经枯死了。

在揠苗助长这则寓言中,那个拔苗者显然就是太急于求成、太渴望收获了,以致等不到禾苗一点点长大,而是用人力将其拔高。显然,急切的心情让他丧失了理智,根本想不到这样做的后果是禾苗枯死,等到妻子提醒他才恍然大悟,但此时已经为时太晚,先前的辛劳也是白费。

轻浮、急躁，对什么事都深入不下去，往往会给工作、事业带来损失。稳重就是要求我们遇事沉着、冷静，多分析思考，然后再行动。"静而后能安，安而后能虑，虑而后能得。"能够负重，方能担当重任。力戒浮躁，还要大力倡导实干精神，大兴求真务实之风。工作靠实，事业靠干，稳重做事，把事业作为你的责任，踏踏实实，稳健不移，就一定能够赢得成功。

李嘉诚，被称为世界"塑料花大王"，他也是稳健、不浮躁的典范。1940年，11岁的李嘉诚来到香港。14岁，父亲去世，他辍学打工。他不肯接受舅父的帮助，坚持自己找工作，那时的他表现出自强独立和自信的性格。就是这种性格，培养出他以后稳健前进的工作作风、不浮躁的工作态度。

起初他认为银行是同钱打交道的，不会倒闭。所以，他首先去了银行，可是他的"银行事业"并没有成功，便到了一家茶馆里当伙计。虽然他只是一名伙计，可他胸怀大志，从小事做起，一步步地向目标迈进。他时时处处留意茶客的籍贯、年龄、职业、财富、性格，揣摩顾客的消费心理，既真诚待人又投其所好，让顾客既付钱又开心，养成了察言观色、相机行事的习惯。他还收了很多旧书，看过之后卖掉。就是这样，李嘉诚既赚了钱，又掌握了知识。

到后来，他觉得在茶馆里没有前途，就进了舅父的钟表公司做学徒，他偷师学艺，很快学到了钟表的装配及修理的有关技术。

1946年，他辞别舅父，开始了自己的创业道路。刚开始他屡遭失败，几次都陷入困境。但他从不浮躁，而是踏踏实实地一步一步往前走。

第七章
为实现目标而做的努力,都是谨慎而冷静的

偶然间他翻阅英文版《塑料杂志》,读到一则简短的消息:意大利一家公司已开发出利用塑料原料制成塑料花,并即将投入生产,向欧美市场发动进攻。他立即又想到另外一则消息,那个消息说欧美人生活节奏加快,许多家庭主妇正逐渐成为职业妇女,家务社会化的需求越来越强烈。于是他推想,欧美的家庭都喜爱在室内外装饰花卉,但是快节奏使人们无暇种植娇贵的植物花卉。而塑料插花可以弥补这一不足。他由此判断,塑料花的市场将是很大的。而当时的香港,塑料花产业是一片空白。于是,1950年夏,李嘉诚创立了自己的长江塑料厂。

李嘉诚的这些成就可以说都源自他有审时度势的判断力。而这种审时度势的判断力,却来自他的稳健。作为一个不浮躁、稳健的人,李嘉诚是很会判断机遇、抓住机遇的。在工厂经营到第七个年头的时候,李嘉诚开始放眼全球。长江公司很快占领欧美的大片市场。仅1958年这一年,长江公司的营业额就达1000多万港元,纯利100多万港元。塑料花使长江实业迅速崛起,李嘉诚也成为世界"塑料花大王"。

通过这个故事我们不难看出,浮躁与稳健对于一个人成功的影响有多大,李嘉诚之所以成大事,力戒浮躁也是必不可少的。只有不浮躁,才能经受住成功路上的辛苦;只有不浮躁,才会有耐心与毅力推动你前进。

切忌冲动，三思而后行

古人云："三思而后行。"意在告诉人们，为人做事要淡定、沉稳，切忌冲动。一个人要想做自己真正的主人，就要懂得克制自己，避免在情绪的牵引下盲目地采取错误的行动。懂得克制自己的人是理性的人，这样的人冷静从容，有十足的信心控制局势，能够不急躁、有次序地前进，而且有始有终。

冲动是人的一种情绪反应，是理性控制薄弱的心理现象。它往往与鲁莽是如影随形的，其特点是遇事不够冷静，听不进别人的话，易动肝火，急于表态，轻易决策，不计后果。其实，当某种既发的事情已经形成，而促使你忧愤、伤心时，需要的是更多的冷静，而不是冲动。因为只有接受现实、冷静分析才能做出正确的应对措施。

三国蜀主刘备，听说义弟关羽被东吴杀害，悲愤交加，发誓要为关羽报仇，他要起兵伐吴。此时，他完全被自己悲伤和冲动的心态所控制。

三国鼎立，从大局来看，魏国强大，蜀、吴弱小，只有联吴抗

第七章
为实现目标而做的努力，都是谨慎而冷静的

魏，才能长治久安。

赵云劝刘备说："现在的国贼是曹魏，并不是孙权。曹操虽然死了，但曹丕却篡汉自立为帝，陛下你不应该讨伐东吴。倘若一旦与东吴开战，战争就不可能立刻停止，别的计划就不能实施。望陛下明察。"

赵云的这番话颇有道理，确实是审时度势之言。然而，刘备却对赵云说："孙吴杀害了我的义弟，还有其他忠良之士，这是切齿之恨，只有食其肉而灭其族，才能够消除我心中的仇恨。"

赵云又劝说："曹魏篡汉是大仇；兄弟之间的仇恨，是私恨。希望陛下以天下为重。"

刘备已完全失去了理智，便道："我不为义弟报仇，纵然有万里江山，又有什么意思呢？"

结果大家都知道，冲动不仅让刘备尝到了致命的失败滋味，还因此一病不起。一个人有七情六欲是完全正常的，这也是人之为人的特征。然而，刘备却忘了"三思而后行，谋定而后动"这服克服冲动的最佳良药，对复杂多变的形势做出错误的分析和判断。结果，陷入了更被动的境况中。

三思而后行，思考些什么？要思考发生问题的根源是什么，导致问题的诱因是什么。只有当这些问题的正确答案都找到后，才能考虑解决的方法。问题的发生是很多原因导致的，其背景是复杂的，单凭直觉很难得出正确结论，况且还有被人制造假象、提供虚假线索的可能，一不小心就有误入歧途的危险。所以，思维必须要精细缜密。

欧典地板号称源自德国，但其德国总部根本不存在；自称百年历史其实只有8年，所谓的欧典（中国）有限公司也根本没有注册过。原来，欧典地板并非像其宣传的那样"真的很德国"，但竟然卖到了2008元／平方米。2006年的央视"3·15"晚会，向全国消费者揭穿了这个谎言。他们的所谓"真的很德国"，其实是利用了消费者爱慕虚荣的心理。因为木地板最早源于德国，所以欧典便想方设法把自己的产品与德国联系在一起，通过炒作概念，来标榜自己技术一流、质量上乘。

美国股神巴菲特有一句名言："只有退潮时，你才知道谁在光着身子游泳。"很多企业似乎正是这样，经济狂潮一经消退，喧闹的沙滩上留下的便是投资者尴尬的身影，而这无力遮羞的身影正是急功近利带来的一大致命伤。由于急功近利，与欧典类似的不少企业不愿在苦练内功上下功夫，而是把赌注押在广告上。一些企业在商海中潮起潮落、上下浮沉，甚至杀鸡取卵、急功近利，最终的结果都不如人意。不要太急功近利，这也许是欧典事件带给我们最深刻的教训。

在美国的加州，有一个小女孩的父亲买了一台大卡车。他非常喜欢那台卡车，总是为那台车做全套的保养，以保持卡车的美观。

一天，小女孩拿着硬物在他父亲的卡车上划下了无数的刮痕。她的父亲盛怒之下用铁丝把小女孩的手绑起来，然后吊着小女孩的手，让她在车库前罚站。当父亲想起小女儿还在车库罚站时已经是4个小时以后了！当他回到车库时，小女孩的手已经被铁丝绑得血液不通了！他把女儿送到急诊室时，她的手掌已经坏死，医生说不截

第七章
为实现目标而做的努力，都是谨慎而冷静的

去手掌的话会非常危险，甚至可能会危及到小女孩的生命。所以小女孩就这样失去了她的一双手掌！但是她不懂到底是发生了什么事，而她的父亲却因此愧悔终生。

大约半年后，小女孩父亲的卡车进厂重新烤漆后，又像全新的一样了。当他把卡车开回家，小女孩看着重新烤过漆的卡车，对她父亲天真地说："爸爸！你的卡车好漂亮，看起来就像是新卡车。"就在这时，小女孩无邪地伸出了她被截断的双手，天真地对她的父亲说，"但是，你什么时候才把我的手还给我？"

一直被愧疚折磨的父亲终于崩溃，最后举枪自杀……

冲动是魔鬼，它会把我们的理智吞噬。如果不能控制情绪，我们便有可能犯下令自己后悔一生的事！所以一定要控制我们的情绪。成千上万的人因为不能控制他们的情绪而一事无成，如果他们能够做情绪的主人，那么他们也能做出一番大事业。

方楠是纽约某大报的记者，他大学毕业后，当了两年兵，然后就顺利地到一家大报当财经记者，而且他要采访的任何对象，似乎都可以手到擒来。再加上方楠人长得很帅，又是大报的记者，所以受到许多美女的青睐。就在一切都很顺利的时候，方楠有一次与公司主管发生冲突，心里觉得很委屈。这时候，突然有一家小型报社想高薪聘请他，而且愿意让他主跑外地新闻线。

方楠心想："我在新闻媒体圈才工作了一年，就已经小有名气了。现在有人多出50%的薪水挖我，又让我跑自己喜欢的新闻线，我为什么要留在这里受闷气呢？"于是方楠跳槽了。

方楠到这家小报社上班的第一天，怪事便发生了。原本可以立

即顺利邀约采访的明星和大老板,都推说有事,要另外安排时间;而原本安排给自己出书的出版社,也突然推说出版计划受到经济不景气的影响要暂停;甚至那个经常和他约会的美女,看到他新公司的招牌后,脸孔也换成一副欠她钱的样子。

刹那间,全世界都好像在跟方楠作对,变得不认识方楠这个人了。当然,方楠由于绩效不如预期,也时常遭受新老板的冷眼相对。

工作稍顺的方楠以为自己的能力真的已是顶尖,从而骄傲自满,无法听进别人的意见,原有的优势让他自以为是。遇到矛盾之后,他轻易就做出跳槽的决定,可见,他的性格还真不是一般的冲动。想必故事中的他,也一定尝到冲动的苦头了吧!

我们不是单独存活于世上的,在生活上必然有外界的变化影响着我们。比如,他人的言行举止,自然环境的冷暖变化,客观事物的更替等。这时倘若我们不能以平静的心态来对待,结果很可能就是害人害己,更别提活出精彩人生了。

生活当中,有时候你无法清楚自己所处的环境,也不清楚自己将会遇到什么样的对手,但是无论何时都要保持自己的情绪,才能在社会上游刃有余地生存。有不少人,习惯了如鱼得水的际遇,稍微遭遇不顺,哪怕是轻微的挫折,就会掉头朝另一个方向,甚至弃之不顾,而不会静下心来,好好反思一下自己,总结一下成败得失的原因。

成功之路,艰辛漫长而又曲折,只有稳步前进才能顺利到达终点,赢得成功。如果一开始就浮躁冲动,那么,你最多只能走到一半的路程,然后半途而废。对于渴望成功的人,应该记住:只有拒绝冲动,学会冷静,才会打败残酷的现实,最终赢得光明的未来。

第七章
为实现目标而做的努力，都是谨慎而冷静的

善于忍耐，能屈能伸

时势多变，即使是豪情万丈的杰出人物也会有委曲求全、英雄气短之时，这个时候，如果没有足够的耐性，恐怕很难获得发展，所以古代能够有所作为的霸主，大多能够做到"以屈求伸"这一点。

善于忍耐，积极积蓄力量和资本的人，更容易取得飞跃式的进步。所以忍受折磨是我们人生过程中任何一个人都要经受的最困难的一件事，等待比做事要难得多。顽强忍耐的人，跌倒了再爬起来，这种力量也在一次次的跌倒和爬起中不断增长。

从前，同一座山上有两块相同的石头。3年后发生了截然不同的变化，一块石头被雕成佛像，受到很多人的敬仰和膜拜；而另一块石头却被做成台阶，遭到别人的践踏。这块被践踏的石头极不平衡地说道，3年前，他们同为一座山上的石头，今天产生这么大的差距，他的心里特别痛苦。另一块石头回答说，那是因为3年前被人践踏的石头害怕刀子割在身上的痛，告诉工匠，只要把他简单雕刻

一下就可以了。而受人膜拜的石头那时憧憬着未来的模样，不在乎割在身上的痛，所以产生了今天的不同。

忍耐是一种理智，是一种涵养，更是一种美德。忍耐的人暂时容忍，最后必然会得到公平的待遇。作为一个年轻人，在意志的果断性、忍耐性和顽强性上磨炼自己，是十分必要的。韧性也就是意志的忍耐力，是把痛苦的感觉或某种情绪长时间地抑制住，不使其表现出来的能力。

唐代诗人杜牧有一首《乌江亭》："胜负兵家不可期，包羞忍辱是男儿。江东弟子多才俊，卷土重来未可知。"这首诗中，杜牧感慨项羽逞一时之英雄，惜一时之名，不能忍辱负重而自刎乌江，结果失去了东山再起、卷土重来的机会。

早年间，被称为"汉初三杰"之一的韩信还是一介布衣百姓时，衣食没有着落是常有的事，穷困潦倒，常被人讥笑。

有一天，韩信在街上走时，迎面过来一个屠家的少年无赖，他素以欺负韩信为乐趣。韩信见了他，急忙转身而走，不愿与之正面冲突。

可巧这时，那个无赖也发现了韩信，见他要走，便一把抓住韩信的衣领道："你这个胆小鬼，见了我就跑，想往哪儿跑？"

无赖一眼又看见韩信腰上的佩剑："哦，你小子还带剑，你配带剑吗？"说着就要动手解韩信的剑。韩信往后一跳，挣脱了无赖的纠缠，想照旧走自己的路。

谁料，那无赖一把将韩信抓住："我说，你虽说人高马大，却是一个草包。咦，生气了吗？你的嘴角抖什么？如果你是条汉子，就

第七章
为实现目标而做的努力，都是谨慎而冷静的

拔剑来刺我，咱们比试比试。如果你没有勇气，贪生怕死，就从我的裤裆下面钻过去。"

韩信听到此番话后，血一下涌上了头，他死死地盯着那张无赖至极的脸想了很久，很想拔剑出来与他决斗，因为凭自己的武功，是不会怕他的。但韩信的心里又在琢磨，这个家伙虽不怀好意，但与之决斗却无太大意义，更不值得为了他而惹上一身官司。唉，也罢，我就是从他胯下爬过去，他就能比我高明了吗？

想明白后的韩信慢慢俯下身，趴在地上，从那无赖的胯下爬了过去。这时，街上围观的人无不哈哈大笑起来。

当时的韩信不逞一时之勇，而是忍辱负重，不把自己的生命浪费于无足轻重的决斗上，虽然蒙受了巨大的耻辱，但仍能自强自新，终于在秦末农民大起义中大显身手。他先是投靠项羽，后来又投奔刘邦，被刘邦拜为大将，领兵百万，指挥若定，所向披靡，战无不胜，攻无不克，为西汉政权400余年的基业立下了汗马功劳，终于成就大业，名垂千古。

事实上，隐藏自己的才华，是一个人胸怀博大的具体表现，这样的人更容易与他人打交道，办事也更容易成功。总之，夹着尾巴做人，不仅不会吃亏，反而能带来好运。

与人相处，不时会遇到他人犯有小错，这也许会冒犯你的利益。然而如果不是大的原则问题，不妨一笑了之，显出一些大家风范。大度诙谐有时比横眉冷对更有助于问题的解决。对他人的小过不予追究，实际上也是一种忍让的态度，有的时候，这种忍让会使人没齿难忘。

海明威曾说:"我可以被毁灭,但不可以被打败。"的确,这种傲视万物、不屈不挠的精神很值得我们学习。然而,在生命的航程里,沉沉浮浮在所难免,开心或不开心的事情很多,不管我们愿不愿意,总有人是我们喜欢的,也总有人是我们不喜欢的,心情有好的时候也有坏的时候。面对这汹涌的波涛,我们不一定是最好的舵手。那么,我们不妨给自己一次低头喘息的机会——适时忍让。

20世纪50年代,许多商人知道于右任是著名的书法家,纷纷在自己的公司、店铺、饭店门口挂起署名于右任题写的招牌,以招徕生意,其中确为于右任所题的极少。一天,于右任的一个学生匆匆地来见老师,说:"老师,我今天中午去一家平时常去的羊肉泡馍馆吃饭,想不到他们居然也挂起了以您的名义题写的招牌!而且字写得歪歪斜斜,难看死了。"

正在练习书法的于右任,放下毛笔然后缓缓地说:"这可不行!"于右任沉默了一会儿,顺手从书案旁拿过一张宣纸,拎起毛笔,龙飞凤舞地写了"羊肉泡馍馆"几个大字,落款处则是"于右任题"几个小字,并盖了一方私章。

于右任缓缓地说:"这冒名顶替固然可恨,但毕竟说明他还是瞧得上我于某人的字,只是不知真假的人看见那假招牌还以为我于大胡子写的字真的那样差,狗屎不如,那我不就亏了吗?我不能砸了自己的招牌,坏了自己的名声!所以,帮忙帮到底,还是麻烦老弟跑一趟,把那块假的给换下来。"转怒为喜的学生拿着于右任的题字匆匆去了。

第七章
为实现目标而做的努力，都是谨慎而冷静的

人生不是电影，不会定格在某一个画面。日子在往前走，生活也要继续。你若依旧在颠簸的旅途中奋力前行，偶尔绊住了，也不要长卧不起，要爬起来，因为这不是输，只不过是暂时没有赢！

如果你能够不管情形如何，总坚持你的意志，总能忍耐，那你就已经具备了"成功"的要素。每个人都相信那些百折不挠、能坚持、能忍耐的人，能忍得旁人所难以忍受的东西，才能使自己不断地积蓄力量，增强忍耐力和判断力，这样才能为将来事业的成功积累资本。

日本矿山大王古河小时候曾当收款员。有一天晚上，古河到客户那儿催讨钱款，对方毫不理睬，一点儿都不把古河放在眼里。没有办法的古河忍饥挨饿，一直等候到天亮。第二天早晨，古河并没有显出一点愤怒，脸上仍然堆满笑容。对方立即态度大变，他被古河的耐性所感动，恭恭敬敬地把钱付给古河。老板大为欣赏古河这种认真随和又富有耐性的工作精神。之后，古河工作表现优异，几年后就被提升为经理。而古河说自己的秘诀就在于"忍耐"二字。

事业常常成于坚忍，而毁于急躁。人生之路是漫长崎岖的，有太多的意外会袭来，没有忍耐一切挫折的精神，就不能成就大的事业。对成功人士来说，任何委屈都不足以让他心灰意冷，相反更加能鼓舞士气，激发起自己一定要做成大事的欲望。能否忍一时的委屈是你是否可以成就一番事业的关键。以一种良好的习惯来控制自己，能忍耐折磨的人，就能够得到他所要的东西。

大丈夫根据时势，需要屈时就屈，需要伸时就伸。屈于应当屈

的时候,是智慧;伸于应当伸的时候,也是智慧。屈是保存力量,伸是光大力量;屈是隐匿自我,伸是高扬自我;屈是生之低谷,伸是生之巅峰。

第七章
为实现目标而做的努力,都是谨慎而冷静的

学会示弱,稳中取胜

有生命的地方就会有竞争,人人都想成为竞争中的赢家,但上帝却并不会偏爱任何一个人,这就需要我们自己去琢磨求胜之道。世事瞬息万变,无论多么强大,都不可能一直处于强势地位。当情势不利于你的时候,你就应该适当示弱,以求退中有进、稳中取胜。

生命需要一定的锐气,但这锐气决不等于逞强。在羽翼没有足够丰满之前逞强蛮干,就等于把自己的弱点毫无保留地告诉了对手,这是非常愚蠢的做法,也是不成熟的表现。这样的人,即使有再好的条件,也只能前功尽弃,哪怕离终点只有一点点距离。很多大智若愚的人,身上并非缺乏锐气,而是将锐气巧妙地伪装起来,他们是善于伪装的专家。这里的伪装堪称是一种高明的示弱功夫,藏形隐迹,使对手疏于防范,他们便多了取胜的机会。

聪明的人遇到势力强大的对手时,会处处表现得很谨慎,示弱于对手。这样对手必会掉以轻心,产生轻蔑的思想,做出错误的判断,正所谓"骄兵必败"。放低姿态,示人以弱,这是古往今来成功

者在竞争中取胜的一大法宝。

出身于东汉世家大族的司马懿素以多谋略、善权变而著称于世。从汉末乱世中谨慎出山、被动防范曹操的疑忌到高平陵政变诛杀曹爽、实际执掌曹魏政权，司马懿走过了一条艰辛的示弱之路。

建安十三年（208年），曹操担任了献帝的丞相，四处物色贤士。已经被司马懿拒绝了一次的他，又决定延请司马懿为文学掾，并严厉地对使者说："如果司马懿还是推三阻四、再耍花招，就把他绑来见我！"司马懿没有别的办法，只好硬着头皮前去就职，其实这也只是司马懿的权宜之计。因为此时曹氏已今非昔比，独揽汉室大权已成事实，逐鹿中原，稳操胜券，中原许多大族名士均已投靠曹操，视其为实际君主，舆论普遍认为曹氏代汉只是时间问题。

司马懿对自己的处境也很清楚，为了消除曹操的猜疑，他表面上对权势地位无所用心，只是勤勤恳恳、恪尽职守，埋头于日常公务，为人也注意谦恭抑损，这就逐渐淡化了曹操的敌视态度。

曹丕即位后，虽然他与曹丕关系不错，得到曹丕的重用，地位日益显赫，但他的防范心理并不因此懈怠。在征辽东公孙渊凯旋时，一些兵士因天气寒冷，乞求司马懿赏给襦衣，这本来不算过分的要求，但他却未答应。当别人对此表示不解时，他表白自己，说是不能让皇帝认为他是用国库的衣物为自己收买人心。可见他为人十分精细。

20余年后，到了魏明帝曹睿的儿子曹芳登位时，司马懿已官至太尉，与宗室曹爽同为顾命大臣，辅助齐王曹芳，二人实际共同掌握了曹魏的军政大权。

第七章
为实现目标而做的努力,都是谨慎而冷静的

当时,曹爽门下有清客500人,其中毕轨、何晏、邓扬、丁谧等常在曹爽周围,为他出谋划策。他们不断向曹爽进言,认为司马懿有一定野心,而且在社会上有很高声望,对皇室是潜在的威胁,不可对他推诚信任。

曹爽遂于景初三年(239年)二月,使魏帝下诏,表面推崇司马懿,说他德高望重,理应位至极品,因而从太尉升为太傅。这一明升暗降的办法,使司马懿的兵权被剥夺,实际权势被架空。以后尚书奏事,均先经过曹爽,大权遂为其所独揽。紧接着,曹爽又将其三个弟弟和自己的心腹都安排在比较重要的岗位,执掌实权。朝中要职,全为曹爽之党控制,一时曹爽权倾朝野,满门称贺。

对于曹爽及其党羽的夺权之举,司马懿早已看破其用心。司马懿出山以来,苦心经营多年,根基也很深厚,当然不可能善罢甘休,二者之间的矛盾已经比较明显了。但司马懿并未一怒而起,他洞察形势,认为自己目前处于不利地位,曹爽身为宗室,是功臣曹真之后;而自己却为外姓,是曹氏政权猜忌防范的对象,不可马上采取过激的对抗行动。于是,面对曹爽咄咄逼人的进攻声势,司马懿以退为守,收敛锋芒,藏形隐迹,一退再退,把政权拱手让给曹爽;并以年老病弱为由,不问政事。

后来,曹爽对司马懿的病感到有些怀疑,恐怕其中有诈。正巧此时曹爽的亲信李胜将出任荆州刺史,曹爽命他向司马懿辞别,乘机伺察司马懿生病的真相。

司马懿知道曹爽派李胜辞行的用意,将计就计,故意表现了一副衰病之容。他躺在病床上,两个婢女在他身边服侍。他想拿过衣

服来穿，但却由于手抖而使衣服滑落在地上。他指口言渴，婢女端进粥来，他只能勉强将嘴凑到碗边，让婢女一勺勺地喂他，稀粥顺着他的嘴角流出来，弄得胸前衣襟湿漉漉的，十分狼狈。

李胜回到曹爽那儿，将亲眼所见向曹爽详细报告，认为"司马公已神志不清，只剩下一具躯壳，不足为虑了"。曹爽听了，内心十分欢喜，从此自认为可以高枕无忧了。

嘉平元年（249年）正月，魏帝按惯例率领宗室及朝中文武大臣，到城外祭扫魏明帝的陵墓。丧失警惕、思想麻痹的曹爽兄弟及其亲信都前呼后拥地跟着小皇帝曹芳去了。此时，久已装病卧床不起的司马懿认为时机已到，他乘这次曹爽势力倾巢出动之机，将长期周密策划、精心准备的力量积聚起来，发动了政变，将曹爽一伙投入监狱，不久便全部处死。

司马懿的示弱仅仅是一种手段，不是目的，是通过示弱赢得最后的胜利。不过无论何种形式的示弱，都要以强劲的实力做后盾，否则，只会弄巧成拙，一事无成。

有时候，示弱也是一种无形的力量，适度、适时地示弱，可以混淆对方的视听，使其作出错误的判断；示弱也可以迟滞对方作出决定的时间，从而给自己反击的时间。这是做人低调者的一种险中求退、退中求进的策略，更是低调者韬光养晦的必备条件。

麦克唐纳快餐馆的董事长克罗克没读完中学就出来做工，以维持生计。后来，他在一家工厂当上了推销员，生活状况有了明显的改善。他在推销产品过程中结交了许多朋友，积累了大量有关经营管理方面的宝贵经验。因此，他决定创办自己的公司。

第七章
为实现目标而做的努力，都是谨慎而冷静的

通过市场调查后，克罗克发现当时美国的餐饮业已远远不能满足变化了的时代要求，急需改革，以适应亿万美国人的快餐需求。但是，克罗克面临的首要问题就是资金问题，对于一贫如洗的克罗克来说，自己开办餐馆根本就不可能。最后，他终于想出了一个好办法。他在做推销员工作时，曾认识了开餐馆的麦克唐纳兄弟，可以到他们的餐馆中学习经验，以实现自己的理想。于是，克罗克找到麦氏兄弟，讲述自己目前的窘境，恳请麦氏兄弟帮忙，最后博得了对方的同情，答应他留在餐馆做工。

聪明的克罗克深知这两位老板的心理特点，为了尽早实现自己的目标，他又主动提出在当店员期间兼做原来的推销工作，并把推销收入的5%让利给老板。

为了赢得老板的信任，克罗克在工作中异常勤奋，起早贪黑，任劳任怨。他曾多次建议麦氏兄弟改善营业环境，以吸引更多的顾客；并提出配制份饭、轻便包装、送饭上门等一系列经营方法，扩大业务范围，增加服务种类，获取更多的营业收入；他还建议在店堂里安装音响设备，使顾客更加舒适地用餐；他还大力改善食品卫生，狠抓饮食质量，以维护服务信誉；他还认真挑选店堂服务员，尽量雇用动作敏捷、服务周到的年轻美貌姑娘当前台服务员，而那些牙齿不整洁、相貌平常的人则被安排到后台工作，做到人尽其才，确保服务质量，更好地招待顾客。克罗克为店里招徕了不少顾客，老板对他更是言听计从。餐馆名义上仍是麦氏兄弟的，但实际上餐馆的经营管理、决策权完全掌握在克罗克的手中。

不知不觉中，克罗克已在店里干了6个年头。时机终于成熟了，

他通过各种途径筹集到一大笔资金，然后跟麦氏兄弟摊牌。最终克罗克以270万美元的现金，买下麦氏餐馆，由他独自经营。克罗克入主快餐馆后，经营、管理更加出色，很快就以崭新的面貌享誉全美，经过20多年的苦心经营，总资产已达42亿美元，成为国际十大知名餐馆之一。

《周易》上说："君子藏器于身，待时而动。"就是要告诫人们，一个人无论才能多么卓越，技艺多么超群，只要时机未到，就应该先示人以弱，隐藏自己，这样才能为日后的搏击取胜积蓄充足的力量。

第七章
为实现目标而做的努力，都是谨慎而冷静的

淡定沉稳，小心谨慎

　　生活在社会这个大家庭中，我们要想守护自己的梦想，实现自己的价值，取得人生的成功，只知道埋头苦干是远远不够的。我们还要学会如何与各种不同的人打交道，处理好人际关系，所以，我们一定要拥有淡定沉稳的人生态度，对名利、对人生，都是如此。

　　任何盲目大胆、轻率冒失的行动，都可能要为之付出不菲的代价，甚至有可能一下子就失去交第二次"学费"的机会。所以，我们除了在做重要的事情时要深思熟虑、谨小慎微，在日常生活中，也应该谨慎行事，才能避免飞来横祸伤到元气。

　　一个人在言语上不谨慎，只顾一时口舌之快，有意无意地会对他人造成伤害，甚至因一句话会把深厚的友情完全葬送；一个人若在行为上率性而为，向别人乱发脾气，他的行为就会像墙上的钉孔一样，会在别人的心灵中留下疤痕。我们当谨慎自己的言行，不管怎样，都要给自己留下退一步的余地，以免做出无法挽回的事来。

　　三国时期，司马懿用计杀掉叛将孟达后，奉魏主曹睿之令，统

率20万大军杀奔祁山。诸葛亮在祁山大寨中已知司马懿统兵而来，料定司马懿出关，必取街亭，切断蜀军的咽喉之路，连忙召集诸将来布阵。参军马谡自愿请战去守街亭。

蜀帝刘备在世时曾对诸葛亮说："马谡言过其实，不可大用。"诸葛亮想起刘备的话，心中有些犹豫，便说："街亭虽小，但关系重大。此地一无城郭，二无险阻，守之不易，一旦有失，我军就危险了。"马谡不以为然，说："我自幼熟读兵书，难道连一个小小的街亭都守不了吗？"又说："我愿立下军令状，如有差失，以全家性命担保！"

诸葛亮见马谡胸有成竹，于是没有做过多思考，就让马谡写下军令状，拨给马谡1.5万精兵，又派上将王平做马谡的副手，并嘱咐王平："我知你平生谨慎，才将如此重任委托给你。下寨时一定要立于要道之处，以免魏军偷越。"马谡和王平引兵走后，诸葛亮还是不放心，又对将军高翔说："街亭上有一城，名为柳城，可以屯兵扎寨，今给你1万兵，如街亭有失，可率兵增援。"高翔接令，领兵而去。

但由于马谡只会纸上谈兵，缺少实战经验，又不肯听王平的劝告，最终失掉了街亭。街亭一失，魏军长驱直入，连诸葛亮也来不及后撤，被困西城县城之中，被迫演出了一场"空城计"。

诸葛亮退回汉中，依照军法将马谡斩首示众。待刀斧手把马谡的头端上来查验时，诸葛亮不禁失声痛哭起来。众人劝解，诸葛亮哭着说："我不是为马谡而哭。我是想先帝在白帝城临终之前，曾经嘱咐我说：'马谡言过其实，不可大用。'我深深地悔恨自己不够谨慎，今天想起了先帝的话，怎么能不伤心呢？"

第七章
为实现目标而做的努力,都是谨慎而冷静的

一件看上去微不足道的小事所折射的人生哲理,也许会影响你的一生,从而改变你一生的命运;而一次微小的失误,同样能使你前功尽弃,丧失远大前程。鲁莽行事是悔恨的土壤,我们做人当谨慎言行,行动之前要三思,事前思考百遍,事后才能省去不少麻烦。

"踏踏实实做人,认认真真做事",是一个很好的开端。刻意做人的人,被别人看作是充满心机、城府的人,少了真诚和直率。而做事不认真的人,往往会因为自己的马虎轻率酿成恶果。要想成就自己的事业,千万不要走入刻意做人、马虎做事的误区。

郭子仪是唐朝中期的名将,他在平定安史之乱等战役中立下赫赫战功,因此,唐肃宗封他为汾阳郡王。代宗即位后,赏他誓书铁券,犯大罪可免死。唐德宗又赐号"尚父",不称呼他的名字,表示尊崇。可是郭子仪始终不居功自傲,更不因为功高而要特权。

唐代宗任命他为尚书令时,他一再推辞说:"这是过去太宗做过的官职,所以后来各朝都不设置此官职,怎可让我来破坏这个传统呢?这些年来,由于战争,封赏官爵很滥,如今叛乱稍平,应当审查整顿,请从我老臣做起。"代宗听他讲得有道理,这才作罢。

郭子仪的低调沉稳作风也赢得了朝中大臣们的敬重,所以到他家中拜访的人也日益增多。他在每次会见客人时,都有一大帮爱姬侍女相伴。但是每次卢杞来时,他都会屏退所有陪侍的妇女。

留在郭子仪身边的几个儿子对此都感到不解,问道:"以往父亲会见客人,总是姬妾满堂、谈笑风生,为什么今天听说来人是卢杞,便赶走了所有的妇人?"

郭子仪告诉他们:"你们不知道,卢杞这个人生来相貌丑陋,面

色发蓝,我怕妇人们见了他会因此讥笑。卢杞为人阴险狡诈,要是有一天他得了志,一定会为了报这一笑之仇,将咱们全家斩尽杀绝。"

后来卢杞当上宰相,果然杀了不少人,唯独郭子仪一家例外。

做人淡定沉稳,并不是要你不思进取、无所作为,而是要你于平淡、自然之中,打造一个实实在在的人生。淡定乃人生的一种境界。肤浅的人生,往往哗众取宠,故弄玄虚,故作深沉;而淡定的人生,往往于平淡当中显本色,于无声处显精神。淡定在某种程度上来说,表现为心态上的平静和生活中的平淡。淡定的人生犹如山中的小溪,自然、安逸、恬静;淡定的人生也无须雕琢,刻意雕琢就会失去自然,失去本性。

为人处世当谦卑,言语行为要谨慎。唱高调只能满足自己一时的虚荣心,却会埋下不可饶恕的祸根,并且容易把自己逼入绝境。谨言慎行,是人生的大智慧,谨慎可以避免招人怨恨,亦可以预防未知的风险。

法国植物学家迪亚是一位贵族,法国大革命时已有70岁的高龄了。在这场横扫一切的大动荡中,一夜之间,他的贵族头衔,他的财产包括实验室、花园、房产统统都没有了。但他坦然处之,心境平静得像水一样,耐心、毅力仍在,勇气不减当年,即使经常食不果腹、衣不遮体,但他还是乐呵呵的。

有一次,法国自然科学家协会邀请他做报告,他欣然同意。他上台时赤着脚,第一句话就是:"今天很抱歉,没有鞋子穿,不过赤着脚倒还挺舒服。"在做报告时,他的声音抑扬顿挫,他在一张小纸

第七章
为实现目标而做的努力，都是谨慎而冷静的

上用微微颤抖的双手描绘着植物的特征，生活中的一切痛苦都消融在对自然的无穷乐趣之中了。

科学家协会准备给这位坚强的令人尊敬的老科学家一点点抚慰金，但他婉言谢绝了。9年以后，这位历经沧桑的老人平静地走了。他在遗嘱中要求了自己的葬礼方式：用自己一生中确定的45种植物编成一个花环，放在他的灵柩上。这是他唯一的要求，不需要任何别的东西。他用这种微不足道的方式为自己建立了一个永恒的纪念碑。

做人沉稳、淡定是人生的一种境界，也是许多成功人士的品质特征。然而人生在世，总要面对现实中柴米油盐、七情六欲这些复杂又伤脑筋的事情，性格无论怎样沉稳，也总会有痛苦和心情烦躁的时候。所不同的是，成功人士总是愉快地接受这种痛苦，没有抱怨，没有忧伤，不会为此去浪费自己的精力，更不会消极悲观而从此一蹶不振，他们会奋勇向前。

第八章

专注于一件事，更要专注于细节

任何一件大事都是由无数个小细节构成的，每一个细节都很重要。这就要求我们无论是在生活中，还是在工作中，都应该养成注重细节的好习惯。只有这样，才能把事情做好。

养成注重细节的好习惯

"泰山不拒细壤,故能成其高;江海不择细流,故能就其深。"所以,大礼不辞小让,细节决定成败。在如今社会,想做大事的人很多,但愿意把小事做细的人很少;我们不缺少雄韬伟略的战略家,缺少的是精益求精的执行者;决不缺少各类管理规章制度,缺少的是对规章条款不折不扣的执行力。

我们必须改变心浮气躁、浅尝辄止的毛病,提倡注重细节,从小事做起,才能够一步步向前迈进,一点一滴积累资本,并抓住瞬间的机会,实现人生的突破,踏上成功的道路。

鲁尔先生要雇一名勤杂工到他的办公室打杂,他最终挑选了一名男童。

"我想知道,"他的一位朋友不解地问,"你为什么选他,他既没有带介绍信,也没有人推荐。"

鲁尔说:"你错了,他带了很多介绍信。他在门口时擦去了鞋上的泥,进门后随手关门,这说明他小心谨慎。进了办公室,他先脱

第八章
专注于一件事，更要专注于细节

去帽子，回答我的提问时干脆果断，证明他懂礼貌而且有教养。其他所有的人直接坐到椅子上准备回答我的问题，而他却把我故意扔在椅子边的纸团拾起来，放在废纸篓里。他衣着整洁，头发干净。难道这些细节不是极好的介绍信吗？"

在一些公共环境中，人们对一个陌生人的了解，注意的往往就是他的小细节。在互不熟悉的情况下，人们在不知不觉中就会先入为主地认为：一个小细节常常反映出大问题。所以一个人在小细节上的表现和修养，其实就是他身份的象征。

曼玲大学毕业了，很幸运地被一家中等规模的证券公司录用，她十分兴奋，憧憬着大展拳脚。然而，她踏上工作岗位才发现，对于新人，公司安排的实际工作并不多，倒是往往有很多杂七杂八的事情，像发报纸、复印、传真、文件整理等。

同来的新人们觉得要他们大学生做杂活，未免有些丢脸，又觉得不受重视，不免满腹牢骚，便经常找借口推托。曼玲心里也觉得有些委屈，回家就和母亲说起。身为职业女性的母亲笑了笑，说："小事不做，焉能做大事。须知，由细微处方见真品性。"

于是，曼玲不再和大家一起发牢骚，见到别人不愿意做的琐事，她便接过来做，一下子就忙碌了起来，有时甚至要加班加点。其他新人有些笑她傻，说有时间多休息休息不好吗？有些就说她爱表现，说不用这么拼命吧？不管别人怎么说，曼玲总是笑而不语。

其实，曼玲一点一滴的工作，部门主管都看在眼里，于是开始逐渐选择一些专业的工作给她。公司的老员工也喜欢这个手脚麻利、不挑三拣四的"傻女孩"，平时也颇乐意将自己多年的工作心得传授

给她,并将公司里人际关系上的微妙之处向曼玲点拨。逐渐地,曼玲工作上越来越顺手,在人际交往的分寸上也把握得越来越好。

有了这么好的群众基础,又有了那么好的工作成绩,在讨论新人转正的问题时,曼玲自然成了第一批转正的新人,并且被安排到她最向往的岗位,成功地踏出了职业生涯的第一步。

不要忽视小细节,这在现代职场上已被奉为金玉良言。试想,在你过去的工作中,有没有认认真真地做好过每一件小事?要知道,一个微小的细节也许就改变了你一生的命运。

具体来说,工作中的细节主要体现在以下几个方面。

(1)保持办公桌的整洁。如果你的办公桌上堆满了信件、报告、备忘录之类的东西,就很容易使人有混乱感。更糟的是,零乱的办公桌无形中会加重你的工作任务,冲淡你的工作热情,使你很难很快投入工作。一位成功学家说:"一个书桌上堆满了文件的人,若能把他的桌子清理一下,留下手边待处理的一些工作,就会发现他的工作更容易些。这是提高工作效率和办公室工作质量的第一步。"因此,要想高效率地完成工作任务,首先就必须保持办公环境的整洁有序。

(2)不要经常缺勤。缺勤在很多员工看来是一件小事,但是,这件事情完全关系到你个人和公司的利益。因为在公司的老板看来,出勤率高的员工无疑对公司更加负责。你应该尽一切努力来保证出勤,因为缺勤会使你无形中损失很多。

(3)不把请假看成一件小事。请假无疑会影响你的工作进度,即使你认为工作效率较高,认为耽误一两天也不会影响工作进度,

第八章
专注于一件事，更要专注于细节

那也不能轻易请假。因为你身处的是一个合作的环境，你的缺席很可能会给其他同事造成不便，影响其他人的工作进度。所以不要将请假当成一件小事，或者只是你一个人的事。

（4）不闲聊，不干私活。就员工个人而言，利用上班时间处理个人私事或闲聊，会分散注意力，降低工作效率，进而影响工作进度，造成任务逾期不能完成。所以把办公时间全部用在工作任务上，是必要的，也是必需的。

（5）下班后不要立即回去。下班后要静下心来，将一天的工作做个简单总结，制订出第二天的工作计划，并准备好相关的工作资料。这样有利于第二天高效率地开展工作，使工作按期或提前完成。离开办公室时，不要忘了关灯、关窗，并检查一下有无遗漏的东西。

世界上许多伟大的事业都是由点点滴滴的细节汇集而成的。在细节上能够表现好的人，他在成功之路上一定会少许多漏洞。同样，工作中很多细节会影响到我们的事业和前途。如果你想有所成就，取得更大的成功的话，就不要忽视这些细节，以免因小失大，给你的人生和事业带来重大的损失。

不要忽略每一个细节

细节是一种精神,一种用专业去敬业的精神!不注重细节的人大致上有两种原因:一是没有用行动来体现;二是根本就没有意识到注重细节的重要性,就是所谓的不敬业的态度。然而注重细节是一种态度,一种在工作中体现责任心和积极性的态度。

人们常说:"细节决定成败。"这句话是十分有道理的。在生活中,能够考虑到细节、注重细节的人,不仅认真对待工作,将小事做细,还注重在做事的细节中找到机会,从而使自己走上成功之路。

一名美国游客到意大利罗马度假。清晨,酒店一开门,一名漂亮的意大利小姐微笑着和他打招呼:"早上好,霍克先生。"这名美国游客非常惊讶,没有料到这名旅馆的楼层服务员竟然知道自己的名字。服务员解释说:"霍克先生,我们每一层的当班小姐都要记住每一个房间客人的名字。"美国客人一听,非常高兴。

在服务员的带领下,这位美国客人来到餐厅就餐。服务人员上菜时,都尊敬地称呼他"霍克先生"。这时来了一盘点心,点心的

第八章
专注于一件事，更要专注于细节

样子很奇怪，美国客人就问站在旁边的服务员："中间这个绿色的是什么？"那个服务员看了一下，后退一步并做了解释。当美国客人又提问时，她上前又看了一眼，又后退一步才回答。原来这样后退一步就是防止她的口水会溅到菜里，美国客人对这种细致的服务非常满意。

这位美国游客退房准备离开酒店时，酒店服务员把收据折好放在信封里，还给这位客人的时候说："谢谢您，霍克先生，真希望第6次再看到您。"霍克很惊讶她居然知道自己是第5次来罗马。

从罗马回来很久了，有一天这个美国人收到一张卡片，发现是罗马酒店寄来的，上面写着："亲爱的霍克先生，公司全体上下都很想念您，下次经过意大利，如果方便请来看我们。"下面写的是："祝霍克先生生日快乐！"原来这一天是这个美国人的生日。

这种细致入微的优质服务无疑赢得了美国顾客的心，从此他每次去罗马都非要去那家酒店住不可，另外还介绍其他朋友也去住。一家五星级的大酒店，竟然对客人的每个细节如此体察入微，真是令人钦佩。工作中的点点滴滴往往和细节有关，关注细节往往也就成就了事业。

密斯·凡·德罗是20世纪世界四位最伟大的建筑师之一，在被要求用一句最概括的话来描述他成功的原因时，他只说了五个字——"魔鬼在细节"。他反复强调的是，不管你的建筑设计方案如何恢宏大气，如果对细节的把握不到位，就不能称之为一件好作品。细节的准确、生动可以成就一件伟大的作品，细节的疏忽会毁坏一个宏伟的规划。

看不到细节，或者不把细节当回事的人，对工作缺乏认真的态度，对事情只能是敷衍了事。这种人无法把工作当作一种乐趣，而只是当作一种不得不受的苦役，因而在工作中缺乏工作热情。他们只能永远做别人分配给他们做的工作，甚至即便这样也不能把事情做好。而考虑到细节、注重细节的人，不仅认真对待工作，将小事做细，而且注重在做事的细节中找到机会，从而使自己走上成功之路。

30年前，格茨·维尔纳白手起家创建了DM连锁店。他有自己的一套注重细节的经营理念，有的地方还会为注重细节做出一些特别"古怪"的行为。

当维尔纳走进一家DM分店时，他要求分店经理拿扫帚来。这家分店的经理把扫帚递给维尔纳，非常疑惑地说："维尔纳先生，我不明白您要它做什么？"维尔纳指着地下的灯光说："你看，灯光的亮点聚在地上，什么用处也没有。"于是，维尔纳用扫帚柄拨了一下上面的灯，让灯光照在货架上。

这样的小事也要由大老板过问，并且亲自动手，岂不把他累死？可就是这样一个大老板，现已拥有1370家连锁店、两万名员工，2002年的销售额高达26亿欧元。维尔纳也是同行业中最富有的，2003年年初时他的个人财产达到9.5亿欧元。

工作中注重细节，就表明有一种强烈责任感的敬业精神。没有从细微处做起的敬业精神，眼高手低，小的不能干，大的不能做，岂能成就大事？

有人蔑视细节，自认为"天生我材必有用"，自己天生就是做

第八章
专注于一件事，更要专注于细节

大事情的人。殊不知，天才出自细节，"关照小事，成就大事"。小事简单不等于容易，不会处理细节的人，也就没有成就大事的能力。反观我们自己在工作中的态度，有时候不愿意收拾办公桌，不愿意随时把文件归档，不愿意在下班之前把电脑关掉，不愿意在节假日打个电话问候一句客户，不愿意为奔忙而来的客户倒上一杯热水……这些细节积累起来，就塑造了我们的个人形象和工作态度。

不具备一种处变不惊的心态，不能从一枝一叶中追根溯源，而是马虎从事、潦草应付，将是人生之大忌。在事物的背后，无不有着无数个细节的积累。无论是成功者还是失败者，细节的积淀都是一笔千金难买的财富，丢掉它，也就丢掉了成功。

细节是办事成功的保证

世界上的任何事,从根本上讲都是由一些细节构成的。决定办事成败的也是这些细若沙砾的细节。我们如果想要办事成功,必须从简单的事情做起,从细微之处着手。因为在办事过程中,往往涉及很多细节。有时候,正是对一个简单细节的关注,改变了办事的结果。

所谓"天下大事必做于细",是非常有道理的。我们可能都熟悉"蝴蝶效应"这一理论,它是指在一个动力系统中,初始条件下微小的变化,能带动整个系统的长期的巨大的连锁反应。

美国气象学家爱德华·罗伦兹1963年在一篇提交纽约科学院的论文中分析了这个效应。"一个气象学家提及,如果这个理论被证明正确,一个海鸥扇动翅膀足以永远改变天气变化。"在以后的演讲和论文中,他用了更加有诗意的"蝴蝶"。对于这个效应最常见的阐述是:"一个蝴蝶在巴西轻拍翅膀,可以导致一个月后得克萨斯州的一场龙卷风。"

第八章
专注于一件事，更要专注于细节

蝴蝶效应通常用于天气，但用在办事中，一样有其不可忽视的效用。这个效应说明，事情发展的结果，对一些细节具有极为敏感的依赖性。一些极小的偏差，将会引起结果的极大差异。

现实生活中，许多人思想上都存在着这样一个误区：成大事者不拘小节。然而，很多时候并不是这样的。试想，如果一个人连小事都做不好，还能做什么？一屋尚扫不干净，又怎么能扫天下？

俗话说："一滴水可以折射太阳的光辉。"有时候，一些非常小的细节，比如待人接物、举手投足、言谈举止等，都能给人留下深刻的印象。一个人若平时不注意细节，就会因小失大，最终与成功失之交臂。细节，微小而细致，但它的影响却是人所共知的。生活中，想办大事的人很多，但愿意把小事做细的人很少，而正是那些把细节做好的人成就了大事。

有个公司招聘高级管理人才，几个通过笔试的应聘者前来复试。应聘者都很自信地回答了考官们非常简单的提问，可他们最后都没有被录用。

轮到后来一个人，他走进门时，发现干净的地毯上扔着一个纸团。一向注意细节的他将其捡了起来，准备扔进废纸篓里。

这时考官对他说："不要扔掉，请你打开那张纸。"这位应聘者展开纸团，只见上面写道："热忱欢迎您到我们公司任职。"实际上，这才是考官们的真正考题。

其实，在很多时候，别人对你的印象更多地体现在细节上，当你注意自己的细节，注意别人的细节，你就会发现一些机会，或者得到一个机会。因为，细节本身就蕴藏着机会。

当很多人关注着大事、大成功的时候,细节总是被一些人所忽视。然而正是这些小小的细节最能反映一个人的真实状态,也最能表现一个人的修养,而这种修养,往往最容易给对方留下好的印象。也正因为如此,透过小事看人,日渐成为衡量、评价一个人最重要的方式之一。

世界上第一位进入太空的加加林,他为什么能在20位宇航员中脱颖而出?原来,在确定最终人选的前一个星期,前苏联航天飞船的主设计师科罗廖夫发现,在进入飞船前,只有加加林一个人脱下鞋子,只穿袜子进入座舱。

就是这个细小的举动赢得了设计师的好印象,他觉得这个27岁的年轻人很有修养,懂得珍爱他人的劳动,于是决定让加加林执行人类首次太空飞行的神圣使命。加加林就是通过这么一个不经意的细节,表现出他的修养和素质,成为第一个遨游太空的人。

留心身边的每一件小事,它们都可能蕴藏着机会,成功的人之所以成功,就是他们决不放过每一个细节。他们对什么事情都极其敏感,能够从许多平凡的生活事件中发现机遇、抓住机遇,所以他们更容易成功。

有人说:"态度决定一切!"是的,一个技术很专业的人一定是非常注重细节的人,否则他就不可能称为专业。靠精工细活而闻名于世并经久不衰的瑞士表,每一部件的尺寸及重量都要经过严格的测验与考核;复杂而神秘的古埃及金字塔,每块巨石与巨石之间绝妙的吻合,令现代人叹为观止——这无一不体现着制造者的专业与敬业。

第八章
专注于一件事，更要专注于细节

一个不注重细节的人，一定是一个专业不合格、敬业精神不足的人，那些急功近利的做法是失败的罪魁祸首。正如西方的一句谚语"魔鬼在细节中"，有专业技能的人，凭借他的敬业精神就会把这些细节中的魔鬼各个歼灭，从而使整体完美。

所以，千万别忽视细节对我们人生所起的作用，我们要用心去把握它，唯有如此，才能开启成功的大门！

办事要做到精益求精

严谨细致,就是认真筹划、周密部署,有程序、有章法,一步一个脚印地把工作推向前进。严谨细致,就要不怕艰苦、不怕烦难,进行深入细致的调查研究。严谨细致是一种对人、对事、对己都极负责任的态度和作风,也是胸怀大志者的成功法宝。

在生活中,没有哪个人不想把手头的工作做好,但总是有一些人,尽管做事非常用心和努力,却总是因为个人的粗心,把本来能做好的事情做错了、做糟了。这都是由于平时做事不够严谨细致造成的。比如说我们经常会遇到这样的情况:有些人对上司安排的工作不够专心,造成工作被动、工作效率低下,因此长期得不到提拔;还有些人总是觉得待遇不公,没有重用他,就总是怨天怨地,投注在工作上的细致和精力就更少了,时间久了就形成了恶性循环。

老话说:"世界上怕就怕'认真'二字。"在工作上,严谨细致是万万不可缺少的。一个人要把各项工作做好的话,既要有雷厉风行的行事风格,又要有严谨细致的行事手段。唯有如此,才能在机

第八章
专注于一件事,更要专注于细节

会来临时,好好把握住机会,从而促使自己走向成功。

有一个女孩叫任小萍,她最初从北京外国语学院毕业后被分配到中国驻英国大使馆做接线员。做一个小小的接线员,是很多人觉着没出息的工作,可是任小萍却把这个普通工作做出了"花"。她把使馆所有人的名字、电话、工作范围甚至连他们的家属名字都背得滚瓜烂熟,有些电话打进来,办事情不知道该找谁,她就会多问问,尽量帮助人家准确地找到。

慢慢地,使馆人员有事外出,不是告诉他们的翻译,而是给她打电话,告诉她可能有谁会打来电话,需要转告什么事情等;有很多公事、私事也委托她通知,任小萍很快成为使馆全面负责的"大秘书"。

有一天,大使竟然跑到电话间表扬任小萍,这真是破天荒的事。结果没多久,她就因工作出色而被破格调去给英国某大报记者处做翻译。后来,她成为北京外交学院的副院长。她说,正是做接线员时养成的严谨细致的工作作风,奠定了她日后成功的基础。

严谨的做事风格是事业成功的必备条件。在这激烈的社会竞争中,每个人都面临不同的机遇和风险,谁能够好好地把握机会,谁就会获得成功,而一旦对风险避之不及,就必定迎来失败的结局。机会就隐藏在细节之中。

在职场中待得越久,我们就越会发现:能否把握机会避开风险并完成任务,关键不在于一个人本人所固有的问题,而在于个人主观能动性所促使的不断努力、不断加强自身素质修养、不断提高自身能力所取得的。而在这一系列的条件中,最需要做到的一点就是,

不管事情大小，不管轻重，都要从点滴细节抓起，培养自己追求完美、严谨、细致、务实、高效的做事风格。

那么，究竟怎样才能拥有严谨细致的做事风格呢？

要养成细致严谨的工作作风，就要从身边的点滴小事做起。首先，对工作时间的范围要有一个严格的规定并遵守。上班不迟到不早退，避免给别人留下不好的印象。一定要记得：遵守时间是一个人对待工作的最基本的态度，也是对自己最起码的要求；其次，最好不要因为个人私事影响工作。比如，不要在工作期间打私人电话，不因私事带亲友来工作场合，以免影响个人的工作效率；最后，不能因为玩乐而耽误工作，休息日一过，就要尽可能迅速地调整心态，制订新的工作计划，带着清醒的头脑去上班。

要想培养严谨细致的工作作风，在平时工作的时候就一定要着眼于理论的运用，更要着眼于新的实践和发展，不怕艰难困苦，进行细致深入的调查研究；就要既想到可能产生的积极效果，又想到可能产生的负面效应。

要养成严谨细致的做事风格，就一定要从严要求自己，每件事都要兼顾。我们都知道，完成一件小事要比完成计划中的大事更有效。做事的时候首先要有一个良好的工作计划，准备好备忘录，事无巨细地一件件去做完。对领导派下来的任务，要以身作则，争取每一件事都做到点、做到位，决不敷衍。只有像这样在一系列的细枝末节上对自己严格要求，才能在不知不觉中让粗心大意的毛病销声匿迹，做事才会逐渐变得细致严谨起来。

总之，只有在工作和生活中养成严谨细致的做事风格，才能把

第八章
专注于一件事，更要专注于细节

自己潜在的智慧和能力更加有效地凝聚和发挥出来。也只有这样，才能在做事的时候少走弯路，稳操胜券地完成既定的任务。

如果你也渴望成功，那么就需要在有限的精力和时间条件下制订合理的工作计划，并且严谨细致地完成每件事。要知道，真正优秀的员工都会将自己的工作纳入一个完善的计划当中，确定工作目标，并且全力以赴地达成目标。

把细节落实到位

任何事的成功都离不开细节的积淀，细节虽"小"，却能积土成山，集腋成裘。只有将细节落实到位才能见识到一个人的办事精神和办事能力。纵观广大成功人士的经历，他们之所以能有如此的杰出成就，把细节贯彻始终绝对是重要的一点。

任何事务、目标的执行与落实都是由若干或者很多个细节组成的。因此，我们在确定了宏观的战略目标之后，还尤其要重视细节，一旦忽视细节，就很可能功亏一篑。像美国的"哥伦比亚"号航天飞机爆炸就是一则非常值得引以为戒的例证。

2003年2月1日，美国航天飞机"哥伦比亚"号顺利完成预定任务，准备返回地面。

就在这架飞机准备着陆的时候，却突然发生了爆炸，飞机上的7名宇航员全部遇难。这件事让全世界都感到惋惜和震惊。

事后经过调查发现，导致这一灾难发生的罪魁祸首居然是一小块脱落的隔热瓦。正是因为这个被人忽略的小小细节，"哥伦比亚"

第八章
专注于一件事，更要专注于细节

号才出现无法预料的意外，7条宝贵的生命也因此陨落。

从这件事我们不难看出，细节到位，才能真正落实到位。不然的话，一个小小的细节失误，就可能对全局产生负面影响。

海尔总裁张瑞敏先生曾说："什么是不简单？把每一件简单的事情做好就是不简单；什么是不平凡？把每一件平凡的事情做好就是不平凡。"一个人的价值不是以数量而是以他的深度来衡量的，成功者的共同特点，就是能做小事情，能够抓住生活中的一些细节。

雪印公司是日本颇负盛名的乳品企业，它生产食品的设备是按宇航食品的要求严格设计的。但就是因为在2000年，一位员工误把一个未洗净消毒的器皿送入生产流程，不幸造成上万人中毒入院，成为日本空前的中毒事件，从而致使该工厂停产，并造成110亿日元的严重损失。

随后，总经理引咎辞职，并在各大报纸做全版道歉公告，但恢复名誉却决不是一件轻而易举的事情。谁能想到，这么惨重的后果，问题只出在一个员工的一个行为细节上面。

所以说，细节是决定成败的关键，在某种程度上讲，发现细节、关注细节、做好每一个细节的能力就是执行力，每一个想要提升执行力的组织与员工都必须坚持注重细节的原则，养成不忽视每一个细节的良好习惯。

追求完美的过程，不可能一步到位，因此不能急于求成。不管任何事，任何人都无法一次做到尽善尽美。因此，要反复地实践，不要总是顾盼自己离"完美"还有多远，现在可以打多少分。成功需要靠时间和努力的点滴积累，把"完美"当作一种目标装在心里，

然后埋下头，专注于自己的工作，把每一个细节都落实到位。有这种工作和生活习惯的人，处处会受到别人的信赖和喜爱。追求细节上的完美，这就是事业成功的因素，也是个人魅力的展露。

任何工作任务的完成和落实，都是由很多个细节组成的。成功离不开细节的积淀，细节虽"细"，但集腋成裘，积土成山。"细"中见精神，"细"中见功力。综观成功人士的成功之道，其之所以能有杰出的成就，主要是始终把细节贯彻始终。细节的竞争既是成本的竞争，工艺、创新的竞争，也是各个环节协调能力的竞争；从另一个层面上说，也就是才能、才华、才干的竞争。

只有细节到位，才能真正落实到位。那些看来微不足道的事情，一个小小的失误，就可能毁掉整个大好局面。工作细节不容忽视，因为注意细节所做出来的工作一定能抓住人心。虽然在当时无法引起人们的注意，但久而久之，这种工作态度形成习惯后，一定会给你带来巨大的收益。

第九章

不马虎，做事要沉得下去

　　一个做事马虎的人，总是会让自己错失机遇。所以，在生活中，我们要拒绝马虎，做一个认真而仔细的人。只有这样，我们才能够把想做的事情做好，才能得到他人的认可与赏识，从而开启成功的大门。

再简单的事,也要认真去做

在生活中,我们决不能因为事情看似"简单",就放弃了认真,这对我们而言是百害而无一利的。殊不知,把"简单"的事情做好,需要付出多少"不简单"的努力。这种努力,将是你迈向卓越的一级级台阶。这种努力,很值!

有一个很笨的人想学习功夫,但因为他太笨了,哪个师父都不肯收他。最后一个师父被他缠得不耐烦了,就把他叫了过来,然后从地上拿起一根木棍,想教他一招。但是一想这个徒弟太笨,万一出去给自己丢人怎么办?于是叹息了一声,举起棍子大喊一声"去吧",将棍子扔了出去。

这位徒弟也笨得出奇,就把师傅扔棍子这个动作当成教给他的妙招,高高兴兴地走了。以后的日子里,他天天苦练这一招,手中的棍子也从木棍换成了铁棍,并且越来越重。

十几年过去了,突然有一天,一个高手到这里挑战,先后打败了师父所有的徒弟,最后这位师父也被打败了。到了最后关头,这

第九章
不马虎，做事要沉得下去

个笨徒弟挺身前去迎战，他的脚往擂台上一跺，擂台就地动山摇般摇动起来。然后他大喊一声"去吧"，紧接着手中上百斤的铁棒飞了出去。速度快得让那位高手不敢接招，只好当场认输了。

这下子，所有人都看着这位"笨蛋"，惊奇得说不出话来，他怎么会这么厉害？

秘密是什么呢？就两个字：认真！

这个故事告诉我们：无论多么简单的事情，只要你认真地去学、去做，就会变成拥有巨大能力的人。生活和工作其实也是一样，解决问题、处理事务、策划市场、管理企业，也都不会有什么绝招。大量的工作，都是一些琐碎的、繁杂的、细小的事务的重复。认真地把这些事情做到极致，你就是一个工作中的天才，同事、上司、客户都会对你刮目相看。

我们由此可以得知，一旦把认真变成习惯，即使能力平平的人，也会爆发出令所有人感到敬畏的力量。尤其是对于处在成长阶段的年轻人来说，"简单的事情认真做"，更应该成为自己成功的信条。

鲍勃和盖茨是同班同学，两人大学毕业时，恰逢英国发生经济危机，他们都找不到工作。于是他们降低要求，去一家工厂求职。正好这家工厂缺少两个打扫卫生的员工，问他们是否愿意干。盖茨思索片刻，接受了这份工作，因为他不愿意靠社会救济金生活。

虽然鲍勃打心底里瞧不起这份工作，但他还是留下来陪盖茨一块儿干了一阵子。他工作懒散，每天打扫卫生都敷衍了事。老板以为鲍勃刚从学校毕业，缺乏锻炼，再加上恰逢经济危机，也同情他的遭遇，于是便原谅了他。然而，对于这份工作，鲍勃从内心深处

充满了抵触情绪,每天都在应付自己的工作。结果,刚干满 3 个月,鲍勃便产生了不再继续做这份工作的念头,辞职重新开始找工作。当时,很多企业都在裁员,上哪里去找适合他的工作呢?最后,他只好依靠社会救济金生活。

相反,盖茨在工作中,放下大学生的架子,完全把自己看作是一名打扫卫生的清洁工,每天把办公楼走廊、车间、场地打扫得干干净净。半年后,老板便让盖茨跟一个高级技工当学徒。由于工作积极、认真肯干,一年后,盖茨成为一名技工。尽管如此,他仍旧抱着一种积极的态度,在工作中努力进取,认真负责地去做任何一件事。两年后,经济危机的局面有所改观,盖茨也成了老板的助理。

对工作认真负责、有事业心和责任感,这是成为一名合格员工的首要条件。不管做什么,我们都应珍惜现在的机会,对自己的本职工作一定要力求完美、尽职尽责,不能马马虎虎、随随便便地应付了事。假如我们连简单的事情都做不好,或者不肯付出心血认真去做,何谈去打理复杂的事、全局性的大事?

在通向成功的道路上,我们必须完成很多任务。每个任务,也许看起来都很简单、平凡,但正是这一个又一个的平凡,铺垫了不简单、不平凡的成功。如果我们用敷衍、马虎的态度,去对待自己的每个任务,我们最后只能像迷失方向的鲸鱼一样,搁浅在海滩上不能动弹。

第九章
不马虎，做事要沉得下去

责任比能力更重要

　　小时候，我们经常听到长辈这样教导：做什么事情，不怕你不会，就怕你不用心。显然，做任何事情，用心是很重要的。用心就是要有责任感，在职场中，很多人即使能力十分出色，也很难获得老板的信任和赏识，而一些能力不如自己，但是对工作和企业特别有责任感的人逐渐地成功了。其实，在职场中，责任很多时候比能力更重要。能力上的缺陷，只要努力学习，就会逐渐提高，但是责任感的培养却不是一朝一夕就可以完成的。

　　我们看到，对于自己的工作能百分之百地负责的员工，他们会把企业的利益当作自己的利益，因而他们更容易获得老板的信赖，与此同时，他们也更容易获得掌控自己命运的能力。那些自认为有才华可对待工作却敷衍了事、对企业缺乏责任心的人，是不会获得成功的。有才华的人到处都是，但是企业真正需要的是既有一定能力又有责任心的人。因而，在老板看来，只有那些具有责任心、对工作负责的员工，老板才会放心地交给他更多的任务和工作，只有

积极主动地对自己的行为负责、对老板和公司负责、对客户负责的员工,才是老板心目中的最佳员工。

阿敏高考落榜之后,就只身一人来到北京,但是待了一段时间也一直没找到工作。身上现金所剩无几的她,在已打好行囊准备返家时,房东阿姨说有一家汽车销售公司通知她去上班。

阿敏对这份得之不易的工作十分珍惜,虽然做的是前台接待,同时还要兼做公司的很多杂务,工资也不高,但她工作认真负责,对没整理好的材料,经常一个人自愿留下来加班,直到处理完毕。

有一天,正当她工作结束准备离开公司的时候,接到了一个传真。那是一份来自英国的传真。

只有高中学历的她,虽然能够认识其中的一些单词,但是对于传真的内容却全然不懂。她打电话给老板,可老板关机。

她本打算第二天上班再交给老板处理,可机警的她正欲出门时忽然意识到英国和中国的时差问题,说不定对方还等着回话呢。于是她坐下来,找了一本厚厚的《英汉辞典》及《汽车专用英汉辞典》翻译起来。搞懂意思后,她又用蹩脚的英语回了传真。回家后,她一夜没睡好觉,这么大的事没经老板批准就独自做主回了传真,真不知老板会怎么处置自己。

谁知,第二天上班老板欣喜若狂,原来,正是因为阿敏及时给英方回了传真,才使得他们在其他几个同样接到英方传真的中方公司之前抢了先机,为公司争得了开张以来的首单大宗生意。

老板非常看重一个员工对工作和企业的责任感,于是奖励给阿敏一笔优厚的奖金。阿敏在随后的工作中,更加努力负责,逐渐成

第九章
不马虎，做事要沉得下去

为公司的高级总监。

一个人的能力虽然有大小，但是最重要的是看你对工作有没有责任心，敢不敢负责任，态度是否认真。就算是你有能力，对待工作敷衍了事，不负责任，也很容易出错。这就说明，一个缺乏责任感的人，或者一个不负责任的人，首先失去了领导对自己的基本认可，其次也失去了同事对自己的信任与尊重。所以，责任有至高无上的价值，是人生的一种追求，责任就是对自己所负使命的忠诚和守信，责任是出色完成任务的根底！

新中国成立前，在一家上海贸易公司的应聘现场拥挤了很多人。他们大都拥有名牌大学的文凭和出色的工作经验，他们衣着光鲜，举手投足都是那么自信，但是经理最后决定录用一个看起来有点内向的年轻人。旁边同事问其原因，经理说："因为他是有可能负责任的人。当别人争先恐后显示自己的时候，只有他把别人碰掉的公司名牌拾起来摆放好。"

这个新来的年轻人虽然平常话语不多，但是对待工作，凡他管理过的仓库总会井井有条，货物清单条目清楚。同事问他："你怎么总会做得那么好呢？"年轻人温和地微笑着说："谁都愿意工作起来顺手嘛，我就是想让大家省点力气罢了。"

后来，这家贸易公司经营不善，公司的效益很差，很多员工都选择了离开，但是年轻人却坚持留了下来。主管问他为什么不走，他平静地说："经营不好的公司也需要人干活啊。"就是这样，尽管薪水少得可怜，可是他做起事情却依旧中规中矩、一丝不苟。

公司终于倒闭了。临到最后，经理看着年轻人递给他这些年的记录和往来账目，拍着他的肩膀说："可托大事！"

后来，这个年轻人凭借良好的声誉开了一家自己的公司。当年的经理因为财务纠纷身陷囹圄，临行前将所有地契、房产、股权证明都托给这个年轻人代为保管，因为经理深知，他是一个有责任感的、值得信赖的好人。

在现实生活中，很多人把能力看得很重要，但却不愿意负责任地努力工作。试想前面两个故事里的主人公难道能力很强吗？不是。所以，我们不要在工作中经常推托说自己这也干不了、那也不会，这正是一种缺乏责任心的表现。

"责任重于泰山"，这句话谁都听说过。每一个能够成功发展的优秀企业都非常强调责任的力量。可以说一个人的成功，与一个企业和公司的成功一样，都来自他们追求卓越的精神和不断超越自身的努力。从某种意义上讲，责任，已经成为人的一种立足之本，成为企业求生存求发展的重要能力。一个人生活在这个社会上，即使是一个自由职业者，他也会和各种团队、组织和人员发生往来。在这个过程中，责任感是最基本的能力，如果你缺乏责任心，组织不会聘用你，团队不会让你加盟，搭档不愿意与你共事，朋友不愿意与你往来，亲人不愿给你信任，你最终将被这个社会抛弃。在这个世界上，有才华的人很多，但是有才华又有责任心的人却不多。只有责任心和能力共有的人，才是企业和公司发展最需要的。

爱默生说："责任具有至高无上的价值，它是一种伟大的品格，在所有价值中它处于最高的位置。"责任承载着能力，一个充满责任感的人，才有机会充分展现自己的能力。任何时候，我们都不能放弃自己所肩负的责任，放弃责任就等于是放弃自我。

第九章
不马虎，做事要沉得下去

全心全意，尽职尽责

有一份美国报纸刊登了招聘教师的广告，其中几句是："虽然轻松，但要全心全意，尽职尽责。"事实上，不仅教师如此，所有人对工作都应该全心全意、尽职尽责。这是敬业精神的基础。无论从事何种职业，都不要浑水摸鱼、唯利是图，否则在水中摔倒或被利器伤了脚都是有可能的。

尽职尽责是员工对工作负责的基本要求。一名员工，无论从事什么工作都应尽职尽责、全力以赴，尽自己最大的努力把工作做好。如果我们每一个员工都能对自己的工作认真负责，不断提高和改进自己的工作水平，我们的明天一定会更好。

贝利作为一名职业演说家，他觉得自己成功的最重要一点是——让他的顾客及时见到他本人和他的材料。他所在的咨询公司，有专门负责人将他的材料及时送达客户那里。

有一次，贝利要去伦敦做演讲。飞机在芝加哥暂时停下来之后，贝利便给公司办公室打电话，以确定所有的事都已安排妥当。

8年前,同样是去伦敦参加一个由贝利担任主讲人的演讲,也同样是在芝加哥,他给那个在办公室里负责材料的莉莎打电话,问她演讲材料是否已经按时送到伦敦。莉莎自信地回答说:"先生,请别着急,我早就在6天前把需要的材料送出去了。"

"那他们收到了吗?"贝利接着问。

"我是让联邦快递送的,他们保证两天之后准时送达。"莉莎回答道。

莉莎的这番答话,无疑在对贝利说,她已经准确地获得了正确的信息(包括地址、日期、联系人、材料的数量和类型)。她或许还认真地选择了合适的货柜,另外亲自包装了盒子以保护材料,并且及早地提交给了联邦快递,即使发生意外也不会延误材料的递送时间。但是,最后的事实证明,她并没有执行到位,最后,材料还是出现了问题。

这毕竟是8年前的事情了。8年前的经历显然让贝利心有余悸,担心这次再出现什么意外,于是他接通了现任助手马特的电话:"我的材料到了吗?"

"到了,艾丽西亚3天前就拿到了。"电话那头的马特回答说,"不过我给她打电话的时候,她告诉我听众可能要比之前预期的多好几百人。但是别着急,她已经把多出来的也准备好了。其实,她对具体会多出多少也没有清楚的预计,因为允许有些人临时到场再登记入场,这样我怕400份不够,为保险起见便寄了600份。还有,她问我你是否需要在演讲开始之前让听众人手一份资料。我告诉她你通常是这样的,但这次是一个新的演讲,所以我也不能确定。这

第九章
不马虎，做事要沉得下去

样，她决定在演讲前提前分发资料，除非你明确告诉她不这样做。我有她的电话，如果你还有别的要求，今天晚上可以打电话给她。"

这位助手马特的一番话，让贝利彻底放心了。

贝利的故事说明了，一流的执行需要一流的把关。当然，莉莎也是一位非常负责的员工，她的执行力也非常强，从她提前邮寄材料就可以看出。但是，由于她对最后的执行没有严格把关，还是给自己带来了很大的麻烦。马特做得很好，他能够对自己的工作做到随时把关，任何一个细节他都不会放过。

一流的执行者告诉我们，对于工作中的事情，不管是不是自己所负责的，只要是与公司的利益紧密联系的，我们都要认真负责，确保能够执行到位。责任心要比能力更重要，一个富有责任心但是能力欠缺的人，可以通过其他途径来保证最后执行到位。而非常有能力却没有责任心的人，常常会因为缺乏执行中必要的责任心，不能够保证最后执行到位。

执行，最重要的是看最后的结果，没有结果就等于没有执行。过程重要，但是结果更重要。所以，在执行的过程中，一定要对每一个环节都能够严格把关，如果出现什么问题，便于及时补救，保证最终能够执行到位。

一个人如果没有职责和理想，生命就会变得毫无意义。无论你身居何处，即使在贫穷困苦的环境中，如果能全身心投入工作，你就会获得想要的成功。那些取得成就的人，在某一领域一定付出了不懈的努力。

学会"用心"去做事

所谓的端正态度很简单,就是要"用心"工作,而不是"用手"工作。所谓"用心"工作,就是凡事要认真。认真工作的态度,会为一个人既定的事业目标积累雄厚的实力,同时还会给公司、老板带来最大化的实际利益。因此,在每一个公司里,"用心"做事的员工都是老板比较青睐的。

从一开始工作,就要谨记"每件事情都用心做"这个职场原则,才能为你的事业发展创造有利的条件。但是,并不是谁都是一开始就明白这个道理的,很多人是在得到一次教训后,才会改变自己以前在工作上散漫、敷衍的态度的。然而,有时候人们为此付出的代价却是十分高昂的。

在美国宾夕法尼亚的奥斯汀镇,就是因为负责筑堤工程的承建者没有按照事先的设计去筑石基,结果导致堤岸崩溃,全镇都被淹没了,无数人死于非命。

诸如此类的悲剧事件,总会不时在我们身边发生。而导致这一

第九章
不马虎，做事要沉得下去

切的原因，并不是工程的难度，或者其他技术方面的原因，而仅仅只是一时的疏忽、敷衍，这其实从根本上体现了人们认真精神的缺乏，是在"用手"做事，而不是"用心"做事。

一旦养成了不"用心"做事的恶习，做起事来往往就会不踏实。这样，人们最终必定会轻视他的工作，从而轻视他的人品。敷衍的工作，不但降低了工作的效能，而且还会使人丧失做事的才能。所以，不"用心"做事的态度，实在是实现理想、保持前进的最大拦路石。

大部分人总是渴望自己得到提升、得到加薪，但却在工作中依旧抱着为老板打工，只是完成任务，甚至敷衍的工作态度，似乎他们并不知道职位的晋升是建立在忠实履行日常工作、"用心"做好每一件事的基础上。只有尽职尽责、"用心"做好目前的工作，才能使自己获得价值的提升。

20世纪80年代，熟悉柴油机制造业的人都知道这样一个说法：中国制造的柴油机，噪音在数公里外都听得见，柴油机周围数十平方米都是油迹；而德国人生产的柴油机则可以放在办公室的地毯上工作，根本不会影响隔壁房间的人办公。

于是，1984年，武汉柴油机厂聘请德国退休企业家格里希任厂长。

格里希上任后开的第一个会议，市有关部门领导也列席了。没有任何客套，格里希便单刀直入，直奔主题："如果说质量是产品的生命，那么，清洁度就是汽缸的质量及寿命的关键。"说着，他当着有关方面领导的面，在摆放在会议桌上的汽缸里抓出一大把铁砂，

脸色铁青地说："这个汽缸是我在开会前到生产车间随机抽检的样品。请大家看看，我都从它里面抓出来些什么？在我们德国，汽缸杂质不能高于50毫克，而我所了解的数据是，贵厂生产的汽缸平均杂质竟然在5000毫克左右。试想，能够随手抓得出一把铁砂的汽缸，怎么可能杂质不超标？我认为这绝不是工艺技术方面的问题，而是生产者和管理者的责任心问题，是工作极不认真的结果。"一番话，把坐在会议室里的有关管理人员说得坐立不安，尴尬至极。

两年后，格里希因种种原因卸职时，武汉柴油机厂生产的汽缸杂质已经下降到平均100毫克左右。回国后，格里希有几次来中国，每次都要到武汉柴油机厂探望。在厂里，他有时拿着磁头检查棒发现汽缸里有未清除干净的铁粉时，忘了自己已经不是厂长，仍然生气地向周围陪同的人大声咆哮："你们怎么能这么不认真！"

认真是一种可怕的力量，它大能使一个国家强盛，小能使一个人无往而不利。我们实在该好好学习德国人认真得近乎刻板的精神，将认真贯彻到自己点点滴滴的行为中。一旦"认真"二字深入到自己的骨髓里，融化进自己的血液中，你就会焕发出一种令所有的人，包括自己，都感到害怕的力量。

你觉得工作琐碎、简单，提不起兴趣，也毫无创造性可言。可是，就是在这极其平凡的职业中、极其低微的工作上，往往蕴藏着巨大的机会。只有把工作做得比别人更完美、更迅速、更正确、更专注，调动自己全部的智力，从旧事中找出新方法来，才能引起别人的注意，使自己有发挥本领的机会，满足心中的愿望。这一切，都需要你"用心"去做，才能达到自己想要的效果，任何的敷衍可

第九章
不马虎，做事要沉得下去

能一时欺骗得了别人，但永远也无法欺骗自己的良知和前途。

成功者和失败者的区别就在于：成功者无论做什么工作，都会"用心"去做，并力求达到最佳的效果，不会有丝毫的放松；成功者无论做什么职业，都不会轻率敷衍。

世界上没有卑微的工作，只有卑微的工作态度，只要全力以赴地去做，再平凡的工作也会变成最出色的工作。每个人都应当把自己看成是一个艺术家，而不是一个工匠，应该"用心"、用创作的态度去对待每一件事。

"用心"做好每件事，这是一种严谨的工作态度，也是一种最起码的职业道德。你可以能力低于别人，但如果你连"用心"工作都做不到的话，那么你离危险已经不远了。

真抓实干,态度端正

"空谈误国,实干兴邦""一步实际行动胜过一打纲领",这是被大量事实和历史经验证明了的道理。只有把嘴上说的、纸上写的、会上定的,变为具体的行动、实际的效果、人民的利益,我们的工作才算做到了位、做到了家。

态度端正,工作靠抓,事业靠干。回顾历史,我们国家改革、发展、稳定各方面巨大成就的取得,无不是真抓实干的结果。任何一项工作要执行到位,都必须真抓实干。没有真抓实干,执行到位就是一句空话。

2007年,毕业于内蒙古农业大学的康红波,当年考录到内蒙古科右前旗科尔沁镇平安村任村党支部副书记,成为一名大学生村干部。

她自小生活在城市里,没有任何在农村生活和工作的经验。她刚到村里任职时,村民们看她的眼光无不充满着怀疑:"这么一个娇滴滴的小姑娘,能在农村待得住吗?"

第九章
不马虎，做事要沉得下去

"信任也好，不信任也好，我要先为村民做件好事。"康红波利用科右前旗旗委为大学生村官提供4.8万元上岗资金和20吨水泥修建村里"文明一条街"的机会，顶着烈日在街头巷尾给修路的村民当助手，与施工队联系协调修路的事宜。不到一个月，一条近千米长的水泥路便建在了村里以前一下雨就是烂泥地的主干道上。

康红波为了进一步和村民增进了解，在随后的几个月里，她每天早晨5时起床，走入田间地头、农民家中，利用大学时学到的知识为当地农民讲解各种法律法规知识、绒山羊养殖管理办法等科技知识，发放村容村貌管理措施宣传单。"这个村干部没有女孩子的娇气，没有大学生的架子。"渐渐地，村民们打消了对她的怀疑，没事儿都喜欢和她搭话。

2007年，农村合作医疗在该旗实施。康红波独自一人承担了全村合作医疗费的收取工作。由于对这项新政策不了解，起初很多村民都拒绝缴纳。为了让村民透彻地了解这项惠农政策，并从中多受益，她跑遍全村120户村民家，耐心地做讲解，细致地分析利弊。经过她的努力，平安村首批参加合作医疗率就达到了95%。两年来，全村已有7名村民受益，报销合作医疗款7376元。

从那以后，平安村的村民们开始离不开她了，自家有个什么大事小情的，都愿意找她出出主意，过年杀猪，都不忘把她请为座上宾。康红波在村民眼中再也不是一个生活在农村里的"城市人"，她淘到了当大学生村干部的"第一桶金"——村民的信任和爱戴。

2009年初，科右前旗采用"公推直选"的方式选举村党支部书记，康红波以82%村民赞成票的可喜成绩过了村民信任关，在全村

9名党员一致同意下当选为村党支部书记。上任不到一年的时间,康红波完成了自己当初竞选时的承诺——为村里安装了自来水。

与此同时,她与包村领导、帮扶部门共同制定了符合村情民情的《平安村产业三年发展规划》,制定了以大棚产业为主导,让村经济由纯农业型向城郊型转型,3年内实现"户均一个暖棚"的目标。

2009年,她通过协调贷款为村民建起了24栋蔬菜大棚,同时与帮扶部门内蒙古自治区地税局协调,新建暖棚42栋。再加上以前建的206栋大棚,平安村的大棚总数如今已达到272栋。从此,她被人们称作办实事的好干部。

真心实干的人总是有希望的。达尔文潜心钻研出进化论;爱迪生千尝百试发明灯泡;爱因斯坦独树一帜坚持相对论;李时珍跋山涉水,访医问药完成《本草纲目》;李嘉诚勤奋苦干,从一个贫穷少年到今天的香港首富……然而这些发明和成功所需的时间和精力,都是他们乐于花费的。这些事对他们来说,是自己最爱做的事,也正因为如此,他们靠实实在在做事取得了成功。

爱迪生说:"有些人以为我之所以在许多事情上有成就,是因为我有什么'天才'。这是不正确的。无论哪个头脑清楚的人,都能像我一样有成就,如果他肯拼命钻研。"达尔文说:"我既没有突出的理解力,也没有过人的机智。只是在觉察那些稍纵即逝的事物并对其进行精细观察的能力上,我可能在普通人之上。"爱因斯坦说:"在天才和勤奋两者之间,我毫不迟疑地选择勤奋,她是几乎世界上一切成就的催产婆。"

可见,实干是成功成才的内在特质。特别是当今知识经济时代,

第九章
不马虎，做事要沉得下去

更需要实干精神。实干可立业，实干可兴邦。实干是用心智去搭建自己坚实的天梯，只有实干才能让我们执行到位。真抓实干，关键是在真和实上下功夫；真和实，是相对假和虚而言的。真抓实干，就是真心真意地抓，实实在在地干，不搞虚情假意，不走形式过场，不尚空谈，专务实效。